高等学校海洋类专业科教融合系列教材

海洋技术与仪器概论

主　编　郑　铁
副主编　李金华　万俊贺　禹定峰

電子工業出版社
Publishing House of Electronics Industry
北京•BEIJING

内 容 简 介

本书系统介绍了海洋技术与仪器的相关理论、方法和应用技术，主要内容包括绪论、海洋技术基础理论、海洋通用技术基础、海洋仪器基础、海洋观测技术与仪器、海洋探测技术与仪器、海洋观测平台技术。

本书系统介绍了海洋技术与仪器的相关基础理论、应用案例，是海洋技术专业本科生必须具备的专业知识之一，可供海洋科学、资源与环境、物理海洋学等相关领域的科技人员及高等院校相关专业的师生阅读、参考，也可作为地球科学等相近学科的教材。

图书在版编目（CIP）数据

海洋技术与仪器概论 / 郑轶主编. —北京：电子工业出版社，2023.4

ISBN 978-7-121-45524-7

Ⅰ. ①海… Ⅱ. ①郑… Ⅲ. ①海洋学－高等学校－教材②海洋仪器－高等学校－教材 Ⅳ. ①P7②TH766

中国国家版本馆 CIP 数据核字（2023）第 077582 号

责任编辑：杜　军　　　特约编辑：田学清
印　　刷：涿州市般润文化传播有限公司
装　　订：涿州市般润文化传播有限公司
出版发行：电子工业出版社
　　　　　北京市海淀区万寿路 173 信箱　　　邮编：100036
开　　本：787×1092　1/16　印张：9.25　字数：249 千字
版　　次：2023 年 4 月第 1 版
印　　次：2023 年 4 月第 1 次印刷
定　　价：35.00 元

凡所购买电子工业出版社图书有缺损问题，请向购买书店调换。若书店售缺，请与本社发行部联系，联系及邮购电话：（010）88254888，88258888。

质量投诉请发邮件至 zlts@phei.com.cn，盗版侵权举报请发邮件至 dbqq@phei.com.cn。

本书咨询联系方式：dujun@phei.com.cn。

编 委 会

主　编： 郑　轶

副主编： 李金华　万俊贺　禹定峰

编委会：（按照姓氏笔画排序）

于　雨　于砚廷　王　波　毛宇峰　仇志金　巩小东　刘海林
李先欣　杜金燕　邵秋丽　郑　威　周茂盛　郝宗睿　郭风祥
唐媛媛　盖志刚　梁展源　解维浩

前　言

自古以来，海洋就与人们的生产、生活等各种活动息息相关。关心海洋、认识海洋、经略海洋，需要掌握现代海洋技术，拥有先进的海洋仪器。对海洋的深入认识，源自先进的理论方法和正确的实验观测。海洋领域的每一项重大发现或每一次技术飞跃，都与某种海洋学理论或新型海洋仪器的应用密切相关。海洋技术与仪器在海洋权益维护、海洋资源开发、海洋灾害预警、海洋环境保护、海洋国防建设、海洋空间探索等方面具有十分重要的作用。海洋仪器是技术、知识及资金密集的高技术领域，是海洋经济产业的重要支柱。因此，发展海洋技术与仪器对海洋学的进步具有重要意义，是一个国家综合国力的重要体现，是建设海洋强国的重要抓手。

回顾海洋学的发展历程，可以发现，海洋技术与仪器对海洋学的形成及发展起到了重要作用。18 世纪，机器时代的到来使得大规模的海洋考察成为可能。1925 年—1927 年，德国“流星”号考察船首次采用电子回声测深法揭示了大洋底部地貌的多样性，海洋技术与仪器开始从萌芽状态向体系化方向迅猛发展，海洋学也从传统的地理学中分化出来，成为一门独立的学科。到了现代海洋学时代，特别是 20 世纪 60 年代至 20 世纪 70 年代，海洋学领域中几乎所有的重大进展都与新的观测仪器、新的研究手段或研究方法的开发及成功利用有着密切关系。例如，在 19 世纪中叶，科学家们认为在深海高压、低温环境下不可能存在生命，但是随着 20 世纪 70 年代以来深潜技术的发展，科学家们利用潜水器在深海裂谷谷底喷涌出的海底热泉附近发现了繁盛的深海生命体。由此可见，海洋学的蓬勃发展离不开海洋技术与仪器的支撑。

要建设海洋强国、发展海洋经济，需要大力发展海洋技术与仪器。我国海洋技术与仪器的发展起步于 20 世纪 60 年代至 20 世纪 70 年代第一机械工业部和国家海洋局组织发起的两次海洋仪器大会战，这两次大会战初步奠定了我国海洋技术与仪器的基础。经过数十载的不懈努力，尤其是进入 21 世纪以来，海洋技术与仪器现已逐步进入跨越式发展新阶段，总体上开始从“量的积累”向“质的突破”迈进。当前，各种新技术不断融入海洋技术与仪器领域，形成了该领域蓬勃发展的局面。我国在海洋技术与仪器领域的自主创新能力不断增强，软硬件建设水平与发达国家的差距不断缩小，很多方面正从“跟跑”向“并跑”甚至“领跑”转变。但是，我们应该清醒地认识到，我国的海洋技术与仪器领域总体上仍处于跟踪式发展状态，发展水平与发达国家还存在一定的差距。要实现我国海洋技术与仪器的跨越式发展，仍需付出艰辛的努力。海洋技术与仪器领域的科教工作者仍然任重道远。

鉴于此，本书尽可能对海洋技术与仪器领域最新的理论、方法和仪器进行详细的介绍，并对涉及的关键核心技术进行对比分析。本书不仅可以提供给海洋技术专业的本科生作为专业教材，也可以供相关专业领域的工程技术人员参考。全书力求将原理性的技术方法与常用的仪器设备相结合，使读者在系统掌握海洋技术相关科学理论的同时，能够更加深入地了解海洋仪器装备，从而全面掌握海洋技术与仪器领域的相关知识。全书图文并茂，力求用朴实的语言阐明海洋技术与仪器的本质特征，以便于读者学习。

本书编者均来自齐鲁工业大学（山东省科学院）。第 1 章由郑轶、李金华、解维浩编写，第 2 章由禹定峰、杜金燕、王波、邵秋丽、李先欣、唐媛媛编写，第 3 章由万俊贺、盖志刚、郭风祥、巩小东、唐媛媛、仇志金、周茂盛编写，第 4 章由李金华、万俊贺编写，第 5 章由禹定峰、李先欣、杜金燕编写，第 6 章由李金华、于砚廷、梁展源编写，第 7 章由仇志金、刘海林、毛宇峰、郑威、郝宗睿、于雨编写。全书由郑轶统稿并审定。本书得到“齐鲁工业大学教材建设基金”资助。

由于编者水平及资料掌握程度有限，错漏之处在所难免，恳请广大读者批评指正。

编　者

目　　录

第1章 绪论

正如前言中所提到的，海洋技术与仪器对海洋学的形成及发展起到重要的推动作用，在海洋权益维护、海洋资源开发、海洋灾害预警、海洋环境保护、海洋国防建设、海洋空间探索等方面也有十分重要的作用。海洋技术与仪器不仅是一个国家综合国力的重要体现，还是建设海洋强国的重要抓手。本章重点围绕海洋技术与仪器的基本概念、海洋仪器的特点与分类、海洋技术与仪器的学科体系及海洋技术与仪器的发展历史与现状展开阐述，力求展示海洋技术与仪器的全貌，使读者对海洋技术与仪器在海洋领域中的重要地位和作用有更加全面的认知。

1.1 海洋技术与仪器的概念

可以这样定义海洋技术：对海洋中的自然现象、相关资源进行研究、利用而开展的科研、经济活动应用到的技术的总称。大多数海洋技术是其他学科领域的相关技术在海洋领域中的具体应用，或者由两者交叉融合而来，一般不在海洋领域独立存在。

海洋仪器是伴随着海洋技术发展产生的，是为了探索海洋、认识海洋、利用海洋、保护海洋而获取海洋信息的传感器、设备及各类搭载平台的总称。现代海洋技术发展的特点之一就是在现代科学技术最新成就的基础上研制出了新型、智能化的海洋仪器，而新型、智能化海洋仪器的出现和应用又促进了海洋技术的发展。

根据海洋技术的定义，可将海洋技术分为海洋基础技术、海洋相关技术和海洋应用技术三部分。海洋基础技术是在各种相关理论的基础上，为了满足不同海洋领域的应用需求而衍生出来的技术，这类技术直接来自基本的物理概念，如声、光、电、磁等，包括海洋声学技术、海洋光学技术、海洋遥感技术、海洋地磁技术等。应用海洋基础技术，辅以材料工程技术、电子信息技术、通信技术、机电集成技术等支撑海洋装备与系统就构成海洋相关技术，从而可以研制出海洋观测仪器、海洋探测仪器等海洋仪器。将海洋观测仪器和传感器应用于相应的海洋平台，就构成了海洋观测技术、海洋探测技术等海洋应用技术，从而应用于海洋探索实践。海洋技术与海洋仪器的关系如图 1.1 所示。

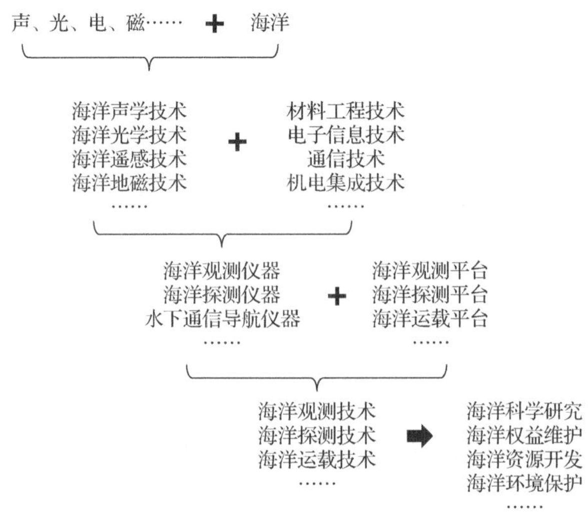

图 1.1　海洋技术与海洋仪器的关系

海洋的观测与探测，是一切海洋活动的开始，是透明海洋、智慧海洋和海洋信息化的重要基础。因此一般的海洋技术主要涉及海洋观测技术和海洋探测技术两部分。

海洋观测技术是运用各类传感器及平台技术（如浮标、潜标、台站等），以多元化、立体化手段获取一段时间内海洋环境参数的技术，强调的是一段时间内对海洋环境各要素的被动测量。按观测方式的不同，海洋观测技术可分为天基观测技术、岸基观测技术和海基观测技术。对于某些可控的海洋观测对象，通过对其观测值人为地进行阈值控制，分析其变化趋势或者为海洋活动提供预警预报的技术则称为海洋监测技术。一般情况下，海洋观测技术和海洋监测技术并不进行严格的区分。而海洋探测技术则是借助传感器和平台技术，对海洋环境参数进行主动的感知、分析。人们常常混淆海洋观测技术和海洋探测技术，因为两者均需要将传感器作为信息获取的手段，都是对海洋中某种现象的直观表述。然而，两者有本质区别：从测量动态或者主客体关系上来看，海洋观测技术是对观测对象不施加影响的被动测量，而海洋探测技术则需要在测量过程中主动向被测对象施加能量。从测量时间上来看，海洋观测技术是一段时期的连续测量，而海洋探测技术更倾向于瞬间的单点主动测量，或者是单点主动测量的连续集合。从测量对象上来看，海洋观测技术的对象在时域中是会发生变化的，而海洋探测技术的对象是不变化的或是缓慢变化的，且通常是固定的。

1.2　海洋技术与仪器的学科内涵

海洋技术与海洋仪器在学科专业划分上或知识结构上各成体系，其交汇处是海洋。海洋技术的学科内涵是以信息科学、电子学、物理学、海洋学的基本理论为基础，以海洋基础技术和信息处理技术为依托，开展对海洋观测技术、海洋探测技术、海洋信息技术、海洋装备技术的研究，为海洋学研究、海洋资源开发、海洋权益维护和海洋环境保护服务。海洋仪器属于仪器科学与技术学科范畴，是仪器科学与技术在海洋领域中的具体应用，学科交叉性强，与海洋学、光学技术、精密机械技术、电子技术、计算机技术等交叉融合。

海洋仪器服务于海洋领域，海洋环境会对海洋仪器提出特殊的要求。例如，海水压力要求海洋仪器的周边全密封；海水中富含的金属离子要求海洋仪器具有一定的抗腐蚀性能；海水的导电性会给海洋仪器的设计与实现带来新的要求，如电子系统的接地；海水不停歇地运动也会给海洋仪器带来新的挑战，加之水下环境十分复杂，这对海洋仪器的使用与维护，相比于陆上的仪器来讲，要求甚高；海洋环境中的化学与生物因素，也会对海洋仪器产生重要影响，如海洋生物的附着，以及海水的电化学性质，会对工程材料产生比盐分影响更大的腐蚀效应，这是在设计海洋仪器时不得不考虑的问题。

因此，流体力学、结构力学、材料力学与化学等是海洋仪器重要的理论基础。由于应用场合的特殊性（在海水中），一些化学理论与方法，对海洋仪器的实现，有重要的作用。流体力学描述海洋仪器与海水的流固耦合及相互作用；结构力学解决海洋仪器在海水中的强度问题；材料力学与化学则重点解决海洋仪器的材料抗腐蚀等问题。

此外，海洋仪器要想设计成功，除了要保证其在海水压力（通常是高压）、强腐蚀的工作环境下可靠地工作，还需要解决以下技术困难：①无动力或动力获取不易；②自动化要求高；③通信困难；④难以维护、维护成本高；⑤工作环境恶劣；⑥深海应用场合要求轻量化。

这就对海洋仪器提出了可靠性设计、高度节能、高效通信、自主控制等要求，这些高要求使得海洋仪器具有较高的综合性，它与其他相关学科的交叉性也十分强。如果用于深海，如通过搭载水下运载器进行作业，那么还需要在保证强度等工作要求的前提下进行轻量化设计。同时，从事海洋技术的研究开发人员，还需要了解海洋学知识，如海洋气象、海洋水文、海洋生物等方面的知识。只有这样，才能更好地进行海洋技术与仪器的研究与应用。

1.3 海洋技术与仪器的发展历史

海洋技术与海洋仪器相互依存，在海洋学的发展历程中一直紧密相连、相辅相成。根据海洋学的发展历程，可以将海洋技术与仪器的发展历程大致划分为“萌芽期”、“初识期”和“探索期”。

在“萌芽期”，人们对于海洋的认识更多只是接触性的。例如：夏朝，人们开始运用简单的木筏及工具进行海洋生物的捕捞，获取少量赖以生存的物质资源；宋朝，人们开始将指南针用于航海；明朝，郑和下西洋时已经可以运用装备大型风帆的船只进行远航。这一时期，人们为了维持生存和获取资源，海洋技术与仪器的发展开始是自发的和本能的，后期更多的是基于经验的积累。

18 世纪随着瓦特发明蒸汽机和第一次工业革命的来临，海洋技术与仪器的“初识期”到来了。在这一时期，最具代表性的事件是英国的“挑战者”号考察船搭载着当时先进的仪器设备，在大西洋、太平洋和印度洋完成了海洋考察，如测量了海底温度等环境参数，对海洋技术与仪器的发展起到了巨大的推动作用。此后，人们对海洋考察的热情不断提高，德国、美国等国家相继派船出海考察。这一时期，人们初步获得了大洋及一些主要海域的海洋环境参数分布情况，对海洋的认识开始加深。海洋技术与仪器在此时期得到了较快的发展。

到了现代，人们进入了对海洋的“探索期”。这一时期探索海洋的方法和手段逐渐多样化、立体化、智能化，大数据、物联网、云计算技术的出现，使海洋数据通信能力不断提升，海洋环境参数获取理论、获取方法不断丰富，海洋传感器种类更多元，灵敏度和精度更高。“智慧海洋”的发展不断激发着海洋技术与仪器领域新的活力。

1.4 现代海洋技术与仪器的发展趋势及意义

先进的海洋技术与仪器是认识海洋，进行海洋资源勘查、海洋信息采集的必备工具；是经略海洋，进行涉海科学研究、保护海洋生态环境、开发海洋资源、加强海洋防灾减灾建设的重要技术支撑。高端的海洋仪器产业作为战略新兴产业高端海洋装备制造业和现代海洋产业的重要组成部分，在海洋经济中处于基础地位，是发展海洋经济的先导性产业，具有科技水平高、知识密集程度大、物资资源消耗少、成长潜力大、综合效益好、涉及范围广等特点，也是发展高端海洋装备制造业和现代海洋产业的重要方向。

我国的海洋技术与仪器行业起步较早，其中国家海洋技术中心和山东省科学院海洋仪器仪表研究所（山仪所）是最早开始从事海洋仪器技术的理论研究和应用研究、海洋监测设备的研究开发和产品生产的科研机构。经过几十年的努力，尤其是在国家 863 计划的支持下，我国海洋仪器行业的科技水平取得了较大的进步，从“九五”计划开始，国家加大对海洋仪器行业的投入，一大批高校科研院所进入海洋仪器科研领域，如中国科学院的海洋研究所、声学研究所、南海海洋研究所、烟台海岸带研究所，中国船舶集团有限公司下属部分研究所，以及中国海洋大学、哈尔滨工程大学、上海交通大学、天津大学等。其科研领域基本覆盖了海洋气象、水文、水质、地质、测绘、勘探等领域，在海洋仪器研发、海洋资源勘探、海洋环境监测和海洋灾害预警预报等方面有了较大的进步，取得了一批高技术科研成果。他们已经先后研制出声学多普勒海流剖面仪、多波束测深系统、合成孔径声呐、高精度温盐深测量仪（CTD）等一系列海洋观测仪器，并研制了多种海洋移动平台观测系统，如深海载人潜水器、遥控潜水器（ROV）、自治式潜水器（AUV）、无人艇、水下滑翔机（AUG）、Argo 浮标等，海底观测网也在计划组建中，使得我国海洋仪器的监测能力和技术水平得到了很大的提升。进入 21 世纪，我国相继建成了国家深海基地、国家海洋设备质检中心等研发组织或机构。

截至目前，我国高端海洋技术与仪器产业取得了较大的进步，海洋仪器设备科研生产公司数量呈井喷式增长。海洋仪器设备生产销售企业已从 2000 年之前的不足 50 家上升到现在超过 120 家，产业发展呈上升趋势。我国海洋仪器设备的中低档产品品种基本齐全，能够小批量生产，且质量较稳定；在工程应用技术方面，我国海洋仪器设备已经能够承担一部分国家重大海洋工程的配套工作，开始摆脱国家重大工程全部被国外公司垄断的局面，我国传统优势海洋仪器设备主要有海洋资料浮标、剖面观测潜标、海洋自动观测站、船舶海洋观测站、各类测波仪等，这类系统集成设备以国产为主。近年来，随着国家对海洋产业的重视及经费投入的加大，极大地推动了海洋仪器与传感器产业的发展，一批高技术科研成果，如地波雷达观测系统、声学剖面海流计、海洋测量无人艇、Argo 浮标等开始部分取代进口设备进入国内市场。目前已有的部分成果在产业化方面取得了可喜的成绩，如国家海洋监测设备工程技术研究中心的依托单位山仪所的海洋资料浮标已连续多年保持年产值为数亿元。但精密科学测试仪器、传感器元器件等产品，国产海洋仪器基本上都难以同进口产品竞争。

总体来讲，海洋技术与仪器主要发展趋势如下。

（1）体系化、平台化。不同类型的海洋水下观测平台，只有在搭载海洋观测仪器、海洋探测仪器、海底采样器等水下作业设备后才能构成完整的装备体系，从而具备充分发挥综合技术体系效能的可能性。发展可供潜水器搭载的各类传感器、探测装置、通用或专用作业工具，是水下作业技术的基本模式，也是人们认识海洋、开发深水资源的重要途径。我国尽管在传统海洋观测传感技术方面取得明显进展，逐步赶上国际先进水平，但在新型传感器、特殊功能传感器方面与国际先进水平依然有不小的差距，甚至出现了差距扩大的现象，如高精度 CTD 剖面仪、投弃式温深传感器、投弃式温盐深传感器、声学多普勒流速剖面仪（ADCP）、相控阵声学海流剖面仪等。我们要在跟踪移动平台、组网观测等平台技术研究热点的同时，及时谋划并有效应对未来传感器小型化、低功耗、防污损的挑战。

（2）小微型化、多参数化。微机电系统（MEMS）技术的出现，使传感器的体积大大缩小，发生了革命性的变化。这种技术必将应用于海洋领域，并促成动力参数传感器的小微型化和低功耗化，更有利于在 AUG 等移动平台上应用。RBR 公司采用 MEMS 技术生产的传感器模块相对独立，可根据用户的实际需要任意组合拼接。法国 NKE 仪表公司生产的单温传感器和温深传感器的体积仅有一支签字笔的大小。此外，多参数测量海洋仪器在海洋观测技术迅速发展的今天有着重要的应用。许多国外的公司均推出了自己的多参数集成的海洋环境参数测量仪器，除了可以测量基本的温度、盐度、深度三个参数，还可以测量声速、浊度、溶解氧等其他物理、化学、生物参数，如美国海鸟公司的 SBE19 CTD 上可外挂溶解氧传感器，还可选配 pH 传感器、浊度传感器、荧光传感器和光合有效辐射（PAR）传感器。

（3）模块化、智能化。模块化是今后海洋传感（仪）器发展的重要方向。美国海鸟公司将产品分为若干个功能单元，如水下测量单元（温度传感器、电导率传感器、压力传感器等）、甲板单元、采水器及其控制单元、感应传输单元等，美国海鸟公司所有衍生出的产品都是由若干个水下测量单元和其他单元任意组合而成的。加拿大 AML 公司研制出了可以根据测量需要更换传感器探头的智能化实时测量仪器 Smart-X 及其相应的 Xchange 系列探头（温度、盐度、深度和声速等）。遵循美国电气与电子工程师学会（IEEE）1451 标准，可以将传感器的类型、制造商、模块编号、序列号、标校数据、灵敏度和工作频率等参数以数字方式存储在传感器电子数据表单（TEDS）模块中并置于传感器内部，更换传感器探头后可直接读取调用以进行标定和使用，即构成了智能传感器，为可重组传感器技术的实现奠定了基础。

（4）面向深海、持续创新。世界海洋强国积极拓展深海战略空间，纷纷建立基于全球战略的海洋环境立体监测系统，为海洋军事活动、深远海资源开发、海上作业、海上交通等活动提供安全保障。我国海洋环境信息保障能力目前局限于近海，深海环境信息获取能力薄弱，随着海洋强国战略的实施，发展深海海洋动力参数传感器技术已成为必然趋势。

原位、实时观测技术的蓬勃发展，带动海洋学从考察向观测转变，海底观测网作为海洋观测的新平台正在兴起，由海基观测平台、陆基观测平台、空基观测平台、海底基观测平台构成的全新的海洋立体观测网的建设被提上日程，这些都对海洋动力参数传感器提出了新的要求，需要引入创新设计，研发使用新方法和新原理的传感器，尤其在波浪、潮位、海流等方面的测量更是如此。

从传统的陆地国家和海洋大国走向海洋强国，是中华民族复兴的应有之义，是国家强盛的必由之路。我们必须实现海洋核心技术的自主可控，解决我国当前面临的经济、权益、国防等领域的“卡脖子”问题，方能实现“向海图强”的战略目标。当前我国基本完成海洋科技资源的原始积累，具备建设自主创新体系、实现跨越式发展的基础和条件，处于海洋大国向海洋强国转变的起步阶段。同时应该清醒地认识到，我国海洋技术的综合能力目前处于全球较低位置，尚无法较好地支撑和应对我国面临的国家安全保障、海洋权益维护、海洋资源与能源的可持续保障、海洋防灾减灾建设、参与国际海洋竞争、海洋科技发展及参与全球海洋治理等事务的迫切需求和巨大压力。我国对海洋技术的需求量大且十分迫切，大力提升海洋高科技能力并借此高效开发、有力保护海洋，并发展海洋经济应当成为全社会的共识。

相关阅读请扫二维码

习题

1．简述海洋技术的定义及主要特征。
2．简述海洋技术与海洋仪器的关系。
3．请列举几种海上移动观测平台及海洋环境参数测量仪器。
4．简述海洋技术与仪器的发展趋势。
5．简述发展海洋技术的重要意义。
6．谈谈人工智能技术对海洋技术与仪器的影响

参考文献

[1] 陈鹰. 海洋观测方法之研究[J]. 海洋学报（中文版），2019，41（10）：182-188.
[2] 陈鹰. 海洋技术定义及其发展研究[J]. 机械工程学报，2014，50（2）：1-7.
[3] 罗续业. 论海洋观测技术装备在我国海洋强国建设中的战略地位[J]. 海洋开发与管理，2014，31（3）：37-38.
[4] 杨鲲，吴永亭，赵铁虎，等. 海洋调查技术及应用[M]. 武汉：武汉大学出版社，2009.
[5] 翟国君，黄谟涛，欧阳永忠，等. 关于海道测量与海洋测量的定义问题[J]. 海洋测绘，2012，32（3）：65-72.
[6] 徐行. 我国海洋地球物理探测技术发展现状及展望[J]. 华南地震，2021，41（2）：1-12.
[7] 刘岩，王昭正.海洋环境监测技术综述[J].山东科学，2001，3：30-35.

第 2 章

海洋技术基础理论

2.1 海洋学基础

2.1.1 海洋学概述

1. 定义

海洋学是海洋科学的简称，是研究海洋的各种自然现象、性质、成因及其演变规律，以及与开发、利用、保护海洋有关的知识体系。

2. 研究对象

海洋作为地球系统的重要组成部分，与和它时空上有交集的大气圈、岩石圈和生物圈存在不同程度的耦合关系，海洋中的各种自然过程相互联系、相互制约，各种形式的物质流动和能量循环结合在一起，成为一个具有全球规模的、多层次的复杂自然系统。海洋学的研究主体是约占地球表面积 71%的海洋，但是由于海洋及与其密切相关的圈层（如大气圈、岩石圈和生物圈等）之间的强耦合关系，海洋学的研究内容还涉及其他圈层与海洋学密切相关的部分，如大气边界层。具体来说，海洋学的研究对象除了海水（包括其组成和理化性质等），还包括生活在海洋中的生物和海洋边界处，如海底沉积、海底岩石圈、河口海岸带及大气边界层等的相关现象和过程。

3. 研究内容

海洋学涉及面广，涵盖范围极为宽泛，是一门汇集了诸多门类的综合性学科。由于海洋中存在多层次耦合的密切关联过程，因此海洋中各种自然过程的相互作用及其研究方法和手段的共同性将海洋学与其他学科的相关知识自然地汇集在一起，构成了庞大的海洋学体系。随着当前科学技术的发展，海洋学的研究逐渐深入，各研究方向进一步细化，海洋学中的多学科综合与学科交叉的趋势日益明显。现在海洋学已经发展成为一个复杂的科学体系。按学科划分，海洋学研究的主要内容包括以下三方面。

（1）基础研究类。基础研究类海洋学主要研究的是海洋中的现象、规律，获取海洋学相关的新知识、新原理、新方法，主要包括海洋中物理、化学、生物和地质过程的基础研究，如海洋物理学、海洋化学、海洋生物学、海洋地质学等。

（2）应用与技术研究类。应用和技术研究类海洋学相对于基础研究类海洋学来说，以应用与技术为侧重点，多是随着应用的不断深入和技术的不断发展而逐渐完善起来的新兴学科，如卫星海洋学、海洋声学、海洋光学与遥感探测技术等。

（3）管理和开发利用类。管理和开发利用类海洋学是人类向海洋进军和人类对海洋开发利用不断深入的过程中基于开发利用海洋和保护海洋的需要而催生出来的学科，如海洋资源学、海洋法、海域管理、海洋污染治理等。

4. 特点

由于研究对象的特点及研究广度、深度的拓展，海洋学呈现出如下显著特点。

（1）海洋学具有涉及面广、综合性强的特点。海洋学作为一门综合性学科，分支学科众多，体系庞大。海洋的广袤与深邃，决定了海洋学研究的复杂性。海洋是一个庞大的复杂自然系统，其中有各种不同时空尺度的、不同层次的物质存在，发生着各种尺度不一、性质不同的运动过程。海洋中的运动过程具有不同的维度，既有热学、力学的区分，又有各种时间和空间特征尺度的不同。各种运动过程掺杂在一起，形成了海洋中的各种各样的矛盾。海洋学的研究对象不是孤立的，而是与其他对象或要素之间相互联系、相互影响的，因此，海洋学涉及多个学科的内容，有很强的综合性。海洋学研究范围之广、各要素间相互作用之密切，决定了海洋学的研究要用综合的、联系的方法去研究。

（2）海洋学是一门明显依赖于直接观测的学科。海洋学所涉及的内容千差万别，具有明显的区域性特征。海洋学具有显著的区域性特点，任何区域的海洋都有自己的特征，不同区域之间存在显著差异，多表现出不可替代的区域特征，即使在同一海域内，海洋水文、海洋化学及海洋生物要素也具有动态性、多层次性。这就决定了海洋学很难在实验室和理论条件下得到与实际海洋相比拟的精确结果，所以海洋学是一门明显依赖于直接观测的学科。在自然条件下进行长期的、原位的、连续的、系统且包含多要素的观测是海洋学实验研究和数值模式研究的基础，也是我们认识、开发、利用和保护海洋最可靠的依据。

（3）海洋学研究分支越来越细，同时与其他学科之间的学科交叉趋势越来越明显。现今海洋学的发展呈现两个主要的特点：一方面，学科划分越来越细，研究的具体内容越来越深入，研究往纵深方向发展；另一方面，学科的综合化趋势越来越明显，海洋学各分支学科之间、海洋学与其他学科门类之间相互结合、相互渗透、相互影响，特别是近年来随着研究的深入和更多具有共同点的研究方法和手段的投入使用，又形成了若干个有独立特色的研究领域，萌发出一些具有高度综合性的边缘学科和新的分支学科。任何分支学科只有放在海洋学体系的总体框架下，与其他分支学科进行有机的联系和结合，才能获得更全面的认识，取得更大的发展。例如，海洋中的海流最初多由海水中温度和盐度的分布和变化加以推测，后来有了流速仪可以直接观测海流，这是海洋物理学的研究内容。然而，实际中的海流或者说某一水团如何运动还是要根据海洋中的溶解氧甚至是某些海洋生物（如海洋浮游生物）的分布作为指标来进一步确定和验证，这就涉及海洋化学和海洋生物学的内容。实际上，当前许多海洋学的突破往往是学科交叉的结果。

5. 研究目的

海洋学研究的目的，即通过分析、综合、归纳、演绎等，采用科学的方法和技术手段，认识海洋的性质，揭示海洋中各种自然现象和过程的变化规律，并利用这些知识为人类生存和可持续发展服务。资源是人类社会发展的物质基础，环境是人类社会发展的根本条件和保证。随着人类社会的发展和世界人口的暴增，人类目前面临的资源枯竭和环境恶化等问题愈发严重，海洋在人类社会生存和可持续发展中的作用越来越突出。陆地资源的减少及其开发利用难度的增加，也加快了人类向海洋进军的步伐。海洋学的主要发展趋势是为解决人口、资源和环境相关问题提供海洋学方面的理论和技术支撑，寻求人口、资源和环境相关问题的解决之路。

2.1.2　海洋学与海洋技术的关系

海洋学提供了对海洋中的自然现象、变化规律及开发、利用、保护海洋相关的更深入的知识，可以为海洋技术的发展提供理论基础和支撑；海洋技术则是在遵循海洋学客观事实和变化规律的前提下，开展海洋活动所需要的具体实施方法和手段，海洋技术将海洋学的研究成果应用到海洋活动具体实践中，满足人们开发、利用和保护海洋的需求。实际上海洋学和海洋技术的关系不止于此。海洋技术在实践海洋学研究成果的同时，也为海洋学研究提出了新的课题，从而促进了海洋学的发展；新海洋技术的应用可以使海洋学有新的发现，助力海洋学的发展。概括来说，海洋学与海洋技术是同一个过程的两方面，是辩证统一的整体，两者既存在区别又有密切的联系：海洋学是海洋技术的理论基础和支撑，海洋技术是海洋学的实践应用，同时海洋技术的进步也激励和促进了海洋学的发展。

历史上，科学的发展往往是被技术进步推动的。海洋学是一门以观测为主的学科，直接受制于海洋技术和海洋仪器的发展。海洋技术是海洋学发展的必要条件和技术支撑。回顾海洋学的发展史，可以深刻理解海洋技术与海洋仪器在海洋学形成和发展中的重要作用。海洋学是 19 世纪 40 年代以后逐步发展起来的年轻学科，直到海洋技术更广泛地用于海洋领域，海洋学才呈现出突飞猛进的发展势头。实际上，19 世纪 60 年代以来海洋学每一次新的飞跃都与新海洋技术的开发和成功应用有关。例如，由于海洋的广袤和传统观测手段（如船舶）的局限，人们无法观测到整个海洋的全貌，新海洋仪器设备与海洋技术，特别是卫星遥感技术的广泛应用，人们才得以看清海洋的全貌，并力图用整体性、系统性的手段去研究海洋。海洋技术的进步提升了人们对海洋的认识，同时也提升了人们对海洋的开发和利用能力。发展海洋技术对研究海洋、开发海洋、利用海洋和保护海洋都有着十分重要的意义。当前，海洋学呈现大科学、多学科交叉的发展趋势，在此过程中，海洋技术与海洋仪器扮演着重要角色。只有大力发展海洋技术和海洋仪器才能取得更系统、更全面的海洋资料，促进海洋学的发展。

当前，随着科学技术的不断发展和进步，海洋学与海洋技术一体化程度不断加强。海洋科技一体化有利于海洋相关研究向大科学、多学科交叉、系统性和长期性方向发展，显然这已成为海洋科技发展的主流。

2.2　海洋声学理论基础

2.2.1　海洋声学概述

海洋声学（水声学）是近代声学的一个重要分支，也是一个非常活跃的分支。众所周知，在人类迄今为止所熟知的各种能量形式中，声波在海水介质中的传播性能最好。在混浊、含盐的海水中，无论是光还是无线电波，它们的传播衰减都非常大，因此它们在海水中的传播距离十分有限，远不能满足人类海洋活动（如水下目标探测、通信、导航）的需要。相比之下，声波在水中的传播性能就好得多。早在 1917 年，朗之万就利用石英的压电效应，用钢板夹住石英制成压电换能器，产生超声波，在海水中进行远程目标的探测，证明了声波是海水中荷载信息的有效形式。以后的实验证明，通过由声速垂直分布所形成的自然波导——声道，人类即使远在 5000km 以外，也能清晰地收到几公斤炸药爆炸时所辐射出的声信号。正是由于上述原因，使得水声技术在人类海洋活动中得到了广泛的应用，而且随着人类对海洋的需求日益增加，海洋声学也必将得到更加快速的发展。

1. 海洋声学的发展简史

海洋声学的发展和其他学科的发展一样，也是随着军用、民用的需要和其他学科的发展而逐渐发展起来的，其起源可以追溯到几百年前。早在 1490 年，意大利的艺术家、科学家达·芬奇就发现了声管，在他的摘记中写道："若使船停航，将长管的一端插入水中，将管的开口放在耳旁，则能听到远处的航船。"这可能是人类利用声波探测水下目标的最早记载。当然，与现代声呐相比，这种原始的"声呐"性能是十分落后的，但是，达·芬奇所描述的这种方法，直到第一次世界大战时仍被广为采用。

世界上第一次测量声波在水中的传播速度，是瑞士的物理学家 Colladon 在日内瓦湖进行的，如图 2.1 所示。1826 年 9 月，24 岁的 Colladon 和他的助手分别坐在声波接收船和声波发射船上，测量炸药的闪光和水下钟声之间的时间间隔。1827 年，Colladon 和法国数学家 Strum 合作，撰写并发表了一篇论文，宣布了实验结果：水中声速为 1435m/s（水温为 8.1℃）。此测量值与现代精确测量值十分接近。

图 2.1　第一次测量水中声速

海洋声学的一个重要进展是焦耳在 1842 年发现了磁致伸缩效应和皮埃尔·居里在 1880 年发现了压电效应。这两个发现对于水声技术的发展具有十分重要的意义。在此基础上，后人制成和发展了压电换能器和磁致伸缩换能器，实现了水中电能和声能之间的转换。目前，虽然出现了一些新型换能器，如薄膜换能器、磁流体换能器、稀土换能器和光纤换能器等，但压电换能器和磁致伸缩换能器仍广泛应用于几乎所有的水声设备。

1912 年，英国四万吨级邮轮“泰坦尼克”号和冰山相撞，致 1500 余人遇难。这次海难事件告诉人们：海上航船必须要安装导航、定位设备。事件发生后不久，英国人 L. F. Richardson 提出了水下回声定位方案，即船舶通过水下声波发生器向水中发射声波，接收从暗礁、冰山等目标反射回来的回波，来实现探测目标的目的。这是海洋声学史上第一个水下回声定位方案，遗憾的是他本人未能实现这一方案。

人类历史表明，需求是发明、创造的巨大动力，水声技术的发展也不例外。1914 年爆发了第一次世界大战，由于反潜的迫切需求，促进了水声技术迅速发展。战争后期，德国人展开了“无限制潜艇战”，利用 U 型潜艇击沉了协约国几千只水面舰船，给协约国造成了巨大的损失，迫使协约国投入大量的人力、物力研究对策，其中一个主要研究方向就是如何有效地发现水下潜艇。直到 1917 年法国科学家朗之万首次使用了超声换能器，和刚刚问世的真空管放大器，才探测到海底回波和钢板的回波。1918 年，朗之万收到了来自潜艇的回波，探测距离可达 1500m。朗之万的工作具有重要意义，他首次实现了利用回声探测水下目标，更重要的是，他的成功探测表明，只有在水声换能器问世和放大微弱电信号的电子技术发展的基础上，水声技术才能迅速发展和广泛应用。

第一次世界大战后至第二次世界大战前，海洋声学在实际中的应用稳定而持续地发展着。这期间，由于超声技术、电真空技术及无线电技术取得了一系列研究成果，各国相继制成了许多形式的噪声站，回声定位仪已在美国开始大批量生产，磁致伸缩换能器和压电换能器也已相继问世。同时，随着水声物理研究的逐步深入和水声设备的大量应用，人们对海水中声传播机理的认识更加深入了，如：知道了海水温度对声速的影响，海水中的声速分布及海水对声传播的影响；用射线理论分析海洋中的声传播规律，海水中的声波衰减规律和吸收机理，海底、海面的声学特性及其对声传播的影响；了解了舰艇噪声、舰艇混响、海洋环境噪声等水声干扰特性；研究舰船等目标的反射本领等。

第二次世界大战的爆发，使海洋声学迅速发展到新的阶段。交战双方投入了大量的人力、物力进行海洋声学各领域内的研究工作，并取得了大量的研究成果，如各种主动声呐、被动声呐纷纷问世，水声制导鱼雷、现代音响水雷和扫描声呐等都是战争时代的产物。这一时期，人们在理论和实验研究方面也取得了一系列成就，如对传播衰减、吸收、声散射、目标的反射特性、目标强度、尾流、舰艇噪声及人耳的识别能力等都进行了深入的研究。

第二次世界大战之后，电子技术和信息科学得到了突飞猛进的发展，水声技术也因此得到了迅速的发展，形成了以低频（主动声呐频率低至 1～3kHz）、大功率（几百千瓦甚至几兆瓦）、大尺寸基阵和综合信号处理为特征的新一代声呐。在传播途径的利用方面，多途径传播效应使现代水声设备的有效作用距离大为提高，若加之利用声道效应，其作用距离可进一步提高。数字技术、信号检测处理理论等学科的发展及大规模集成电路的应用，又酝酿着新一代水声设备的诞生。

2. 海洋声学的研究对象

作为近代声学的一个重要分支，海洋声学是第二次世界大战期间发展起来的综合性尖端技术科学。也是一门工程科学，主要研究携带有某种信息的声波在水中的产生、传播和接收，因而，它包含了水声工程和水声物理两部分，两者相辅相成：水声物理是水声工程应用的理论基础，为工程设计提供合适的参数；水声工程的不断发展和广泛应用，又对水声物理提出新的内容和要求，并为水声物理的研究提供新的手段，促进了水声物理的发展。

水声物理从水声场的物理特性分析出发，主要研究海水介质及其边界（海底、海面）的声学特性，以及声波在海水介质中传播时所遵循的规律及其对水声设备的影响。虽然声波在海水中有较好的传播性能，但是作为声信息传输通道（水声信道）的海水介质及其边界（海底、海面）具有复杂和多变的特性，因而声波在这种声道中的传播现象也是复杂多变的，而这恰好就是水声物理的研究内容。通过实验和理论研究，发现和总结水声场所遵循的规律及相应的机理，并为水声设备的设计提供合理的参数。

水声工程包括水下声系统和水声技术两方面。水下声系统指的是水声换能器及基阵，它类似无线电设备中的天线，用来实现水下声能与电能之间的转换。水下声系统的研究内容主要为换能器的材料、结构、制作方法及其辐射、接收特性等。广义的水声技术是泛指声波在水中完成某种职能的技术问题。狭义的水声技术可理解为水声信号处理、显示技术，它主要研究声信号在水中传播时的特性和背景干扰（噪声和混响）的统计特性，并在此基础上设计出最佳时间、空间处理方案，从而实现强背景干扰下的信号检测。另外，在检测出目标的基础上，对目标的参数（如方位、距离、运动速度等）做出估计，这就是所谓的参数估计问题。对被检测目标的某些属性（如性质、形状、运动要素等）做出判别，就是所谓的目标识别问题。参数估计和目标识别，也是信号处理要讨论的内容。

2.2.2 水声设备工作原理

水声设备按工作原理或工作方式的不同可分为主动式和被动式，通常称为主动声呐或被动声呐。声呐是 Sonar 的音译，是 Sound Navigation and Ranging 的缩写，对应的中文翻译为声导航与测距。现在，声呐一词有了更广泛的含义，凡是利用水下声波作为传播媒介，以达到某种目的（如探测、定位、跟踪、识别、导航、通信、制导、武器射击指挥、对抗等）的设备和方法都是声呐。

主动声呐工作时，发射系统向海水介质中发射带有一定信息的声信号，称为发射信号，此信号在海水中传播时遇到障碍物（通常称为声呐目标），如潜艇、水雷、鱼雷、冰山、暗礁等，就会产生回声信号。回声信号遵循声波传播规律在海水中传播，其中在某一特定方向上的回声信号传播到接收器处，并由换能器将其转换为相应的电信号，此电信号经处理器处理后传送到判决器，它依据预先确定的规则做出有无目标的判决，并在做出有目标的判决后，指示出目标的距离、方位、运动速度及其某些物理特性，由显示器显示判决结果。主动声呐信息流程示意图如图 2.2 所示。

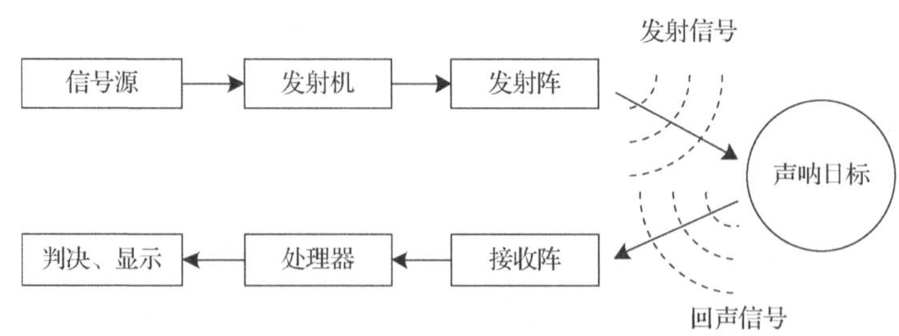

图 2.2　主动声呐信息流程示意图

图 2.3 所示为被动声呐信息流程示意图。与主动声呐不同，被动声呐没有专门的发射系统，图 2.3 中的声源部分指的是被探测的目标，如鱼雷、舰船等航行中所辐射的噪声（因此也有将被动声呐系统称为噪声声呐站的），被动声呐就是通过接收目标的这种辐射噪声来实现水下目标探测的，从而确定目标状态和性质等目的。由图 2.3、图 2.4 不难看出，主动声呐、被动声呐在信息流程上的差异，“主动”“被动”也因此而得名。至于被动声呐的接收阵、时空处理和判决、显示，就本质而言和主动声呐是相同的。

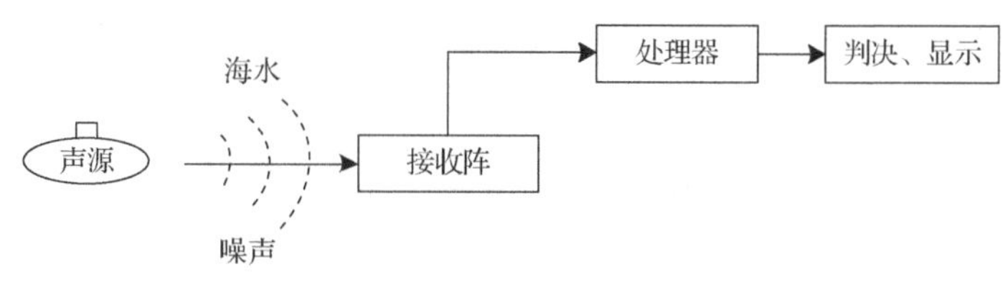

图 2.3 被动声呐信息流程示意图

2.3 海洋光学理论基础

2.3.1 海洋光学概述

海洋光学的发展大致可以分为以下三个阶段：早期发展阶段（19 世纪初期及以前），起步发展阶段（20 世纪初期至 20 世纪中期），现代发展阶段（20 世纪中期至今）。不同的时期都有不同的发展过程，其中以 20 世纪中期至今的现代发展阶段发展速度最为迅速，影响范围也最为广泛。

19 世纪初，有人开始利用透明度盘目测自然光在海水中的铅直衰减，意大利天文学家 Secchi 用一块系在绳子上的平面白盘观测自然光在海水中的穿透深度，测量的深度称为透明度，而所使用的平面白盘称为透明度盘，Secchi 利用该方法对海域的透明度进行了系统的观测研究。直到 19 世纪末，海洋学家才比较注重研究海洋的光学性质，并结合海洋初级生产力的研究，用光电方法测量海洋的辐照度。20 世纪 30 年代，瑞典等国的科学家设计制造了测定海水的线性衰减系数、体积散射系数和光辐射场分布的海洋光学仪器，进行了一系列的现场测量。

20 世纪 40 年代—20 世纪 60 年代是海洋光学的快速发展期：1947 年瑞典科学家首次将海洋光学调查列入重要的海洋调查计划，测量了海洋的辐照度、衰减和散射等；1950 年丹麦科学家在环球深海调查中，研究了重要海区的初级生产力和辐照度之间的关系；1957 年在国际地球物理年的调查中测量了北大西洋的水文要素和光学参数，并研究了它们之间的关系；在这个时期美国、法国等多国相继建立了实验基地，研究了海洋固有光学性质和表观光学性质之间的关系，国际上的学者对水中能见度理论、海洋光学测量模型、光辐射场与海洋光学性质之间的关系也进行了系统的研究，美国的普赖森多费尔提出了比较系统的海洋光学理论，发展了海洋辐射传递理论等；20 世纪 60 年代后，随着激光技术、计算机科学、近代光学和海洋学等学科的发展，海洋光学得到了进一步的发展，较好地解决了激光在水中的传输、海面向上光辐射与海洋光学性质之间的关系等一系列问题，特别是随着激光技术的发展，使得海洋激光雷达探测技术的研究成为海洋光学研究中的重要内容。

2.3.2 海洋光学研究内容

海洋光学的研究内容包括海洋水体的光学性质、光在海洋中的传播规律、海洋辐射传递理论、激光与海水的相互作用及运用光学技术探测海洋等多方面内容。海面光辐射研究的主要内容为太阳光射入海洋后，经过辐射传递过程所产生的光谱辐射场，它是光学遥感探测海洋的主要信息来源，是建立光学海洋遥感模型的重要依据。水中能见度是水体光学性质研究的重要内容，主要研究水中视程和图像在水中的传输问题，由海洋辐射传递方程出发，建立水中对比度传输方程和水中图像传输方程，用来研究水中的图像系统。单色准直光束通过海水介质，辐射能呈指数式衰减变化。

海洋水体的光学传递函数是研究光在海洋中传播规律的重要内容。海洋水体的光学传递函数主要是利用线性系统理论研究海洋水体对光的散射和吸收的过程，研究海水点扩展函数、海水光学传递函数与海水固有光学参数之间的关系，它是建立海洋激光雷达方程和分析水中图像系统质量的重要依据。激光与海水的相互作用是运用光学技术探测海洋的重要研究内容，激光与海水的相互作用主要研究激光在海水中的衰减、散射、吸收及其所遵循的传输规律等，如海洋探测激光雷达、激光诱导击穿光谱术（LIBS）、海洋元素原位分析仪和海水受激拉曼散射的研究，这些研究都为激光探测海水的化学成分和海洋的温度、盐度的垂直分布打下了基础。海洋光学在实验上主要是运用现场和实验室的测量方法进行海洋光学性质的研究，各海区海洋的光学性质与其组分密切相关，而海洋光学调查也是研究各海区海洋光学性质的主要手段。

2.4 海洋电磁学理论基础

2.4.1 海洋电磁学概述

1. 基本内涵

海洋电磁学是海洋物理学的一个分支，是电磁学和海洋学的交叉学科，研究海洋中与电磁有关的问题，主要研究海洋的电磁特性、海洋中频率低于红外线的电磁场运动的形态和规律。它是在电磁波和天然电磁场应用于海洋通信和海洋探测研究过程中逐步形成和发展起来的一门新兴学科。

长期以来，众多学者认为，在海洋环境中，无论是光还是无线电波，它们的传播衰减都非常大，传播距离非常有限，难以满足水下目标探测、通信、导航等方面的需求，因此声波一直是人类在海洋活动中应用的主要信息载体。

然而在海洋环境中有一类无线电波得到了广泛关注，并且发展迅猛。这类无线电波具有衰减弱、穿透能力强等特点，可以广泛用于导航、通信、矿产资源勘探及水下军事目标探测等领域。这类无线电波主要借助海水的导电性在海洋中存在和传播，人们把它称为海洋电磁场。

海洋电磁场是由于天然场源或人工场源而在海水中存在的电磁场，包括在海水中存在的磁场成分、电场成分，相应地发展出了一门专门研究海洋电磁场的学科——海洋电磁学。

2. 海洋电磁场频段范围

根据趋肤效应，电磁波在海水中传播时激发的传导电流会使电磁波的能量急剧衰减，并且随着电磁波频率的升高，衰减幅度会显著增加，通常无线电波所用的 1MHz 以上的电磁波在海水中的穿透深度小于 25cm，对这种电磁波来说海水就成为很强的电磁屏蔽层，如此高频率的电磁波基本不可能在海水中被利用。但频率低到一定程度，海水对电磁波的屏蔽作用就会逐渐减弱甚至可以忽略，如频率为 10 周/时的电磁波在海水中的穿透深度可达数千米，几乎可以完全穿透海洋。这种极低频的电磁波就可用于大洋深处核潜艇通信和海底以下介质导电性研究等方面。因此海洋电磁场的主要研究对象为至低频（TLF）、极低频（ELF）和超低频（SLF）三个频段的电磁波。

按照《中华人民共和国无线电频率划分规定》，我国无线电频率从 0.03Hz～3000GHz 共划分为 14 个频带，如表 2.1 所示。

表 2.1　中华人民共和国无线电频率划分规定

带　号	频带名称	频率范围	波段名称	波长范围
-1	至低频（TLF）	0.03～0.3Hz	至长波（千兆米波）	10 000～1000 兆米（Mm）
0	至低频（TLF）	0.3～3Hz	至长波（百兆米波）	1000～100 兆米（Mm）
1	极低频（ELF）	3～30Hz	极长波	100～10 兆米（Mm）
2	超低频（SLF）	30～300Hz	超长波	10～1 兆米（Mm）
3	特低频（ULF）	300～3000Hz	特长波	1000～100 千米（km）
4	甚低频（VLF）	3～30kHz	甚长波	100～10 千米（km）
5	低频（LF）	30～300kHz	长波	10～1 千米（km）
6	中频（MF）	300～3000kHz	中波	1000～100 米（m）
7	高频（HF）	3～30MHz	短波	100～10 米（m）
8	甚高频（VHF）	30～300MHz	米波	10～1 米（m）
9	特高频（UHF）	300～3000MHz	分米波	10～1 分米（dm）
10	超高频（SHF）	3～30GHz	厘米波	10～1 厘米（cm）
11	极高频（EHF）	30～300GHz	毫米波	10～1 毫米（mm）
12	至高频（THF）	300～3000GHz	丝米波（亚毫米波）	10～1 丝米（dmm）

注：1dmm=0.1mm。

从频段划分上可以看出，在海洋环境中研究的电磁波主要集中在 TLF、ELF、SLF 频段，因此一般把海洋电磁场研究的频段范围统称为低频电磁场。

2.4.2 海洋电磁场的性质

1. 近似稳态近似表征

电场和磁场的表征一般用麦克斯韦方程组，对于谐波过程来说，有

$$\begin{aligned}&\nabla\times\boldsymbol{H}=\boldsymbol{E}(\sigma+\mathrm{j}\omega\varepsilon)\\&\nabla\times\boldsymbol{E}=-\mathrm{j}\omega\mu\boldsymbol{H}\\&\nabla\cdot\boldsymbol{E}=0\end{aligned}\tag{2.1}$$

式中，σ 为介质的电导率，ε 为介质的介电常数，ω 为角频率，μ 为介质的磁导率，$\boldsymbol{E}$ 为电场强度矢量，$\boldsymbol{H}$ 为磁场强度矢量。

在海洋电磁学中，海水为中等导体，电导率 σ 一般为 1～5S/m，相对介电常数 ε_r 约为 80，也就是说 $\omega\varepsilon \ll 1$，位移电流可以忽略，麦克斯韦方程组得以简化，因此海洋电磁场可以用近似稳态场来近似表征，即

$$\begin{aligned}&\nabla\times\boldsymbol{H}=\sigma\boldsymbol{E}\\&\nabla\times\boldsymbol{E}=-\mathrm{j}\omega\mu\boldsymbol{H}\\&\nabla\cdot\boldsymbol{E}=0\end{aligned}\tag{2.2}$$

式中，$\boldsymbol{E}=\boldsymbol{E}_0\mathrm{e}^{\mathrm{j}\omega t}$，$\boldsymbol{H}=\boldsymbol{H}_0\mathrm{e}^{\mathrm{j}\omega t}$。

在近似表征式（2.2）中，由于位移电流远小于传导电流，因此位移电流可以忽略，这样海洋电磁场的研究可以只考虑在海水介质中存在的传导电流。

洛伦兹规范中引入了矢量势 $\boldsymbol{A}$ 和标量势 φ，海洋电磁场可以表示为具有矢量势和标量势的函数，令

$$\varphi=-\frac{1}{\sigma}\nabla\cdot\boldsymbol{A}$$

矢量势 $\boldsymbol{A}$ 和标量势 φ 遵循亥姆霍兹方程，即

$$\begin{aligned}&\Delta\boldsymbol{A}+k^2\boldsymbol{A}=0\\&\Delta\varphi+k^2\varphi=0\end{aligned}\tag{2.3}$$

式中，k 为波数，$k^2=-\mathrm{j}\omega\mu_0\sigma$。

在给定场源的情况下，基于方程式（2.3）并引入相应的边界条件，即可确定海洋电磁场的空间分布。

在实际应用中，通常无法直接测量矢量势 $\boldsymbol{A}$，所以被测量的参数是磁场强度的分量 H_x、H_y、H_z 或者磁感应强度的分量 B_x、B_y、B_z。

标量势 φ 可以被直接测量，但是需要满足一个条件，既构成测量系统的两个电极的连线应该垂直于等势面。此时，被探测的信号电势将直接等于两个电极的标量势之差，即

$$U=\varphi(a)-\varphi(b)$$

因此，如果能测量磁场强度的三个分量和标量势（或者电场强度的三个分量），则低频电磁场就能够被完全确定。但由于实际目标运动等原因，很难将测量系统中的两个电极的连线始终垂直于等势面，因此实践中多采取测量磁感应强度的三个分量和电场强度的三个分量的方式测量一个目标的海洋电磁场分布。

2. 衰减特性

海洋环境的典型特点是具有“空气-海水-海底”的分层结构，空气为非导电介质，海水为高导电介质，海底为低导电介质。这种明显的物性界面和分层现象，导致海洋环境中水下电磁场的分布、传播与自由空间或均匀无限大空间存在较大的差异。

对于从海面射入海水中的平面电磁波，电磁波的振幅是以指数规律衰减的，沿电磁波的

传播方向，相位相差 2π 的两个连续对应点间的距离称为波长 λ。电磁波在海水中的波长与海水的其他参数有关，可按式（2.4）计算：

$$\lambda = 2\pi\sqrt{\frac{2}{\omega\mu\sigma}} \tag{2.4}$$

式中，$\mu = \mu_0 = 4\pi\times10^{-7}\,\mathrm{H/m}$。

电磁波对于介质有一定的穿透能力，穿透深度一般用趋肤深度 δ 来表示，它表示电场或者磁场的振幅衰减到原来的 1/e（约为 36.8%）的距离，一定程度上表征了该频率下的电磁波在海水中的传播能力：

$$\delta = \frac{1}{\sqrt{\pi\mu f\sigma}} = \frac{1}{2\pi}\sqrt{\frac{\lambda}{30\sigma}} \tag{2.5}$$

式中，f 为电磁波的频率，λ 为电磁波的波长。

表 2.2 中列出了海水的电导率一定的情况下，不同频率的电磁波在海水中的波长、波速和趋肤深度对比。

表 2.2　海水中电磁波的传播参数（海水的电导率为 3.7S/m）

频率/Hz	波长/m	波速/（m/s）	趋肤深度/m
0.01	16 439.9	164.4	2616.5
0.1	5199	519.8	827
0.5	2325	1162.5	370
1	1644	1644	261.7
5	735.2	3676.1	117.0
10	519.9	5198.8	82.7
50	232.5	11 625	37.0
100	164.4	16 440	26.2
200	116.3	23 250	18.5
500	73.5	36 761	11.7
1000	52.0	51 988	8.3

从表 2.2 中可以看出，当电磁波的频率为 1Hz 时，电磁波在海水中的传播速度为 1644m/s，与水中的声速接近。随着频率的增大，传播速度逐渐增大，传播衰减也逐渐增大，但趋肤深度逐渐减小。同时可以看出，衰减较弱的低频电磁波可以在海水中传播 300m 甚至更远的距离。在电磁波的频率为 0.01Hz 时，趋肤深度可达 2616.5m。正是由于低频电磁波衰减弱，对海水的穿透能力强，海洋电磁场的研究才把 TLF、ELF、SLF 这几个频段的电磁波作为研究重点。

通过趋肤深度的变化，可以看出海水“屏蔽”的仅仅是高频电磁波，低频电磁波是可以穿透海水到达海底的。有的学者因此把海水比作通过低频电磁波、抑制高频电磁波的低通滤波器，这个比喻非常形象恰当。

3. 海洋电磁场的类型

在海水介质中，按照场源的激励类型，海洋电磁场的场源可以分为磁类型的源（海洋电磁场是由与海水绝缘的闭合回路中的电流产生的，简称磁性源）和电类型的源（海洋电磁场是由在海水中流过的传导电流产生的，简称电性源）。

海洋中存在多种电磁效应，根据场源的形式不同，海洋电磁场可分为天然电磁场和人工电磁场。

（1）天然电磁场。天然电磁场主要包括大地电磁场、运动海水感应电磁场、内源地磁场、物理化学成因的电磁场（生物电效应）四类。其中运动海水感应电磁场又包括海洋表面波浪和涌浪运动感应电磁场、海流（包括潮汐）运动感应电磁场、海洋内波运动感应电磁场等。在滩海区，海水流动产生的电磁场具有固定的极化方向，不论何种场源，电场的水平分量都远高于其垂直分量。

（2）人工电磁场。人工电磁场主要包括沿海工业设施产生的工频干扰、海上石油平台或海底管道等安装的用于防腐目的的阴极保护系统、测试场附近的沉船（或较大的金属）引起的电磁场异常及海洋电磁法勘探中采用的大功率人工场源等。

习题

1. 海洋学的概念是什么？
2. 海洋学的特点都有哪些？
3. 水声设备按照工作方式可以分类哪两类？分别有什么特点？
4. 水声设备的工作原理是什么？
5. 海洋光学的研究内容包括哪些？
6. 海洋电磁学的定义是什么？
7. 海洋电磁学的性质都包括哪些？请分别简述。

参考文献

[1] 陈鹰. 海洋技术定义及其发展研究[J]. 机械工程学报，2014，50（2）：1-7.
[2] 冯士筰，李凤岐，李少菁. 海洋科学导论[M]. 北京：高等教育出版社，1999.
[3] 国务院学位委员会第六届学科评议组. 学位授予和人才培养一级学科简介[M]. 北京：高等教育出版社，2013.
[4] 孟庆武. 海洋科技创新基本理论与对策研究[J]. 海洋开发与管理，2013，30（2）：40-43.
[5] 吴立新. 建设海洋强国离不开海洋科技[J]. 中国战略新兴产业，2017，45：94.
[6] 许建平. 阿尔戈全球海洋观测大探秘[M]. 北京：海洋出版社，2002.
[7] 许肖梅. 海洋技术概论[M]. 北京：科学出版社，2000.
[8] 陈芸，吴晋声. 海洋电磁学及其应用[J]. 海洋科学，1992，2：19-21.
[9] 吕俊军，陈凯，苏建业，等. 海洋中的电磁场及其应用[M]. 上海：上海科学技术出版社，2020.
[10] 何继善. 海洋电磁法原理[M]. 北京：高等教育出版社，2012.

第3章

海洋通用技术基础

3.1 海洋遥感

在一定距离以外感测目标的信息，通过对目标信息的分析研究，确定目标的属性及目标之间的关系，这个过程被称为遥感（Remote Sensing）。卫星是常用的遥感平台，根据基本目标不同，我们将遥感卫星分为气象卫星、海洋卫星和陆地卫星。实际上，每个卫星都能够探测海洋和陆地，它们的遥感资料都可能为海洋学研究所利用。

海洋遥感（Ocean Remote Sensing）是指以海洋及海岸带作为监测、研究对象的遥感，包括海洋物理遥感，海洋生物遥感和海洋化学遥感等，是指利用传感器对海洋进行远距离的、非接触的观测，以获取海洋景观和海洋要素的图像或数据资料。

海洋不断向环境辐射电磁波，海面还会反射或散射太阳和人造辐射源（如雷达）射来的电磁波，故可设计一些专门的传感器，把它们安装在人造卫星、宇宙飞船、飞机、火箭和气球等工作平台上，接收并记录这些电磁波，经过传输、加工和处理，得到海洋图像或数据资料。遥感方式有主动式和被动式两种：①主动式遥感，即先由传感器向海面发射电磁波，再由接收到的回波提取海洋信息或成像，其中传感器包括侧视雷达、微波散射计、雷达高度计、激光雷达和激光荧光计等；②被动式遥感，即传感器只接收海面热辐射能或散射太阳光和天空光的辐射，从中提取海洋信息或成像，其中传感器包括各种照相机、可见光和红外扫描仪、微波辐射计等。按工作平台的不同，海洋遥感可分为航天遥感、航空遥感和地面遥感三种。

海洋遥感技术，主要包括以光、电等作为信息载体和以声波作为信息载体的两大遥感技术。海洋声学遥感技术是一种十分有效的探测海洋的手段。利用海洋声学遥感技术，可以探测海底地形、进行海洋动力现象的观测、进行海底地层剖面探测，以及为潜水器提供导航、避碰、海底轮廓跟踪等信息。海洋遥感技术是海洋环境监测的重要手段。卫星遥感技术的突飞猛进，为人类提供了从空间大范围观测海洋现象的可能性。目前，美国、日本、俄罗斯等国已发射了多颗专用海洋卫星，为海洋遥感技术提供了坚实的支撑平台。

3.1.1 海洋遥感发展概述

海洋遥感的发展始于第二次世界大战，最早是在河口海岸制图和近海水深测量中利用的航空遥感技术。1950 年美国使用飞机与多艘海洋调查船协同进行了一次系统的大规模的湾流考察，这是第一次在海洋物理学研究中利用航空遥感技术。此后，航空遥感技术被更多地应用于海洋环境监测、近海海洋调查、海岸带制图与资源勘测。从航天高度上探测海洋始于1960年，这一年美国成功地发射了世界第一颗气象卫星“泰罗斯-1”号。卫星在获取气象资料的同时，还获得了无云海区的海面温度场资料，从而开始把卫星资料用于海洋学研究。美国1978年又发射了“海洋卫星-1”号。苏联也于1979年和1980年先后发射了两颗海洋卫星“宇宙-1076”号和“宇宙-1151”号。

中国于1977年开始对海洋遥感技术的研究，并先后在海岸带与滩涂资源调查、海洋环境监测、海冰观测、海洋气象预报、海洋渔场分析、大尺度海洋现象研究和基础理论工作中进行海洋遥感技术的试验，其中台风跟踪、海冰遥感和海洋环境污染航空遥感监测已进入实用阶段。

目前海洋遥感技术已应用于海洋学各分支学科的各个方面。海洋遥感技术的应用，使得内波、中尺度涡、大洋潮汐、极地海冰观测、海气相互作用等方面的研究取得了新的进展。例如，气象卫星的红外图像直接记录了海面温度的分布，海流和中尺度涡的边界在红外图像上非常清晰，利用这种图像可直接测量出这些海洋现象的位置和水平尺度，进行时间序列分析和动力学研究。但是，海洋遥感技术也有不足之处：某些传感器的测量精度和空间分辨力还不能满足需要，很难做到定量测量；有些遥感资料不够直观，分析解译的难度很大；传感器主要利用电磁波传递信息，电磁波穿透海水的能力较弱，很难直接获得海洋次表层以下的信息。因此，海洋遥感技术有待进一步完善。

3.1.2 海洋遥感研究内容

海洋遥感的研究内容主要包括：海洋遥感物理机制、海洋卫星传感器方案、海洋参数反演理论和模型、海洋图像处理与信息提取方法、卫星数据海洋学应用。

海洋遥感具体的研究内容主要包括以下几方面。

1. 海表温度遥感测量

海表温度是重要的海洋环境参数，如在海洋渔业中的应用（利用海表温度与海况信息来分析渔场的形成、渔期的时间、渔场的稳定性等，可用于寻找合适的渔场）。海表温度主要采用热红外波段和微波波段的信息进行遥感反演。

2. 海洋水色遥感监测

海洋水色遥感是指利用海洋水色遥感图像得到的离水辐射亮度，来反映相关联的水色要素，如叶绿素浓度、悬浮泥沙含量、可溶有机物含量等信息。海洋水色遥感监测可以通过可见光、多光谱红外辐射计遥感反演得到赤潮全过程的位置、范围、水色类型、海面磷酸盐浓度变化及赤潮扩散漂移方向等信息，以便及时采取措施加以控制。

3. 海洋动力遥感观测

风力、波浪、潮流等是塑造海洋环境的动力，可以利用海洋遥感技术进行海洋风力的监测，这有助于台风预警、大风预报和波浪预报，海浪动力遥感观测可以通过合成孔径雷达

（SAR）反演波浪方向谱，或通过动力模式来解决表面波场问题；同时可以采用雷达高度计观测潮流或潮汐。

4. 海洋水准面、近岸水深与水下地形遥感测量

可通过卫星高度计确定海洋水准面（±20cm），通过测量雷达发射脉冲与海面回波脉冲之间的延时得到卫星高度计天线到海面的距离；通过遥感绘制海图和测量近岸水深；水下地形的 SAR 图像为明暗相间的条带，利用这个关系可定量获得水下地形信息。

5. 海洋污染遥感监测

利用海洋遥感技术不仅能监测进入海洋中的陆源污染水体的迁移、扩散等动态变化，还能探测石油污染（如测定海面油膜的存在、油膜扩散的范围、油膜厚度及污染油的种类）。

6. 海冰遥感监测

海冰是冬季比较严重的海洋灾害之一，海冰遥感能确定海冰的类型及其分布，从而提供准确的海冰预报。SAR 具有区分海水和海冰的能力，可准确获得海冰的覆盖面积，并且可以区分不同类型的海冰及获得海冰的运动信息。热红外传感器与其他微波传感器也是获得海冰定量资料的有效手段。

7. 海洋盐度遥感测量

海水含盐量的变化会改变海水的介电常数，从而影响海水的微波特性。海洋盐度遥感是基于微波频率上盐度对海表亮温的敏感度进行测量的。

3.1.3 典型应用

自 2007 年以来，黄海有规律地发生由浒苔聚集引起的绿色大型藻华（MABs），当时被认为是世界最大规模的绿潮。2021 年黄海浒苔绿潮规模远超往年，创历史最大值。绿潮的周期性爆发已成为黄海海域最严重的生态灾害，造成了巨大的经济损失和严重的社会影响。绿潮消亡后期，大量浒苔或登陆山东半岛南岸地区，或沉入海底，在绿藻沉降分解的过程中会向海水中释放大量的营养盐，改变水体的理化环境，而绿潮的登陆过程则会对沿海地区的生态环境、人类生产活动等造成严重的影响。

那么，如此大规模的浒苔绿潮是在何时何地消亡的？是否有规律可循？是否可以预警？这些问题长期困扰着学术界，此前从未得到解决。为监测绿潮消亡期的特征，采用 Terra/Aqua MODIS、HJ-1A/1B、GF-1、Sentinel-2 A/B 等多颗卫星研究黄海南部绿潮消亡阶段的时空变异。结果表明，绿潮的日消亡率（DR）一年内变化较大，但逐年统计其最大值与绿潮最大面积的整体趋势较为一致，均呈现上升趋势。基于日消亡率的变化特征，统计分析 2007 年—2017 年绿潮的日消亡率变化，齐鲁工业大学海洋技术科学学院在国际上首次提出了一种预测绿潮消散天数的方法，将该方法应用于 2018 年—2020 年的绿潮预测结果显示，预警的消亡天数与遥感图像获得的结果相对一致。2007 年—2020 年，山东半岛沿海城市大型藻类的登陆顺序大致可以分为两类：一类是大型藻类先登陆日照，再登陆青岛、乳山

和海阳；另一类是以相反的顺序登陆。绿潮年分布密度在黄海南部呈现显著差异。该研究成果为评估绿潮对海洋生态的影响和制定绿潮防控策略提供了科学依据。

3.2 海洋工程材料

材料是指具有满足指定工作条件下使用要求的形态和物理性状的物质，是组成生产工具的物质基础。材料、信息、能源是现代文明的三大支柱。新材料技术、信息技术与生物技术被广泛视为新一代技术革命的重要标志。海洋技术与仪器等工程领域作为新材料技术的重要应用领域，逐渐形成了海洋材料的概念。海洋材料科学与工程是指能从海洋中提取的材料和专属用于海洋开发的各类特殊材料的设计制备、性能强化规律及深层次科学机理研究的基础学科。海洋材料科学与工程是融合生命科学、环境科学、化学化工、海洋地质学、海洋物理学等学科，结合海洋技术与仪器工程应用的实际需求的交叉学科，是材料科学与工程在海洋强国战略和“一带一路”倡议背景下的海洋大科技和战略新兴产业的重要组成部分。按所起作用的不同，海洋材料可分为结构材料和功能材料。随着海洋材料与技术的发展，纳米材料逐渐发展壮大，在海洋材料领域得到越来越多的应用。

3.2.1 高性能结构钢

钢作为海洋工程装备的关键结构材料，应用广泛。由于海洋工程装备要求服役时间长，要长期抵抗恶劣的风浪条件，水下修理维护的成本极高，其采用的钢板逐渐向高强度、高韧性、易焊接、良好的耐腐蚀性及大厚度、大规格化方向发展。世界海洋平台用的高强度钢的主要级别以屈服强度（355MPa、420MPa、460MPa、500MPa、550MPa、620MPa、690MPa）划分，并对低温性能要求至少耐受-40℃，甚至-60℃，抗层状撕裂性能达 *Z* 轴方向 35%，耐腐蚀性能良好，主要制造方式为热机械控制工艺（TMCP）、正火及调质。海洋工程用钢按应用场合主要分为海洋平台用钢、海洋风力发电用钢、海底油气管线用钢三类。

（1）海洋平台用钢。海洋平台是在海洋上进行作业的特殊场所，服役期比船舶高 50%，采用的钢板必须具有高强度、高韧性、抗疲劳性能、抗层状撕裂性能、良好的焊接性及耐海水腐蚀性能等特点，可细分为钻井平台用钢和生产平台用钢两大类。国内典型产品：宝钢集团已经拥有四大系列海洋平台厚板产品，开发的 DH36-Z35、EH36-Z35 等海洋石油平台钢板，各项性能指标均达到相关标准要求。

（2）海洋风力发电用钢。海洋风力发电用钢除了要经受风、浪、流的作用，还要考虑台风、冰川、地震等灾害性环境的影响，对结构防腐、高应力区结构形式及焊接工艺等也提出了更高的要求，多采用 Z 形钢材、大厚度板材和管线。钢材制备上采用超快冷、热机械控制工艺，遵循低碳含量、低碳当量、微合金化等原则。

（3）海洋油气管线用钢。海洋资源的开发使海底管线的重要性得到凸显，恶劣的海洋环境对海底管线提出了比陆地管线更高的质量要求，要求钢管具有高的横向强度、纵向强度、高低温止裂韧性，良好焊接性、抗大应变性能，另外还要求具有抗 H_2S 腐蚀性能。典型产品：按照 API 标准，国际上广泛采用的海洋油气管线用钢为 X42～X80 的焊接高强度钢。

3.2.2 高性能有色金属

近年来，海洋领域中的设备为了减轻质量、提高运载能力和航行速度，要求所用的材料具有高比强、耐海水腐蚀的性能，对于这些特殊要求，有色金属具有显著的优势。海洋领域中使用的高性能有色金属合金主要有钛合金、铝合金、铜合金等。

1. 钛合金

钛（Titanium）是一种银白色的过渡金属，元素符号为 Ti，具有质量轻、强度高、无磁性、耐海水和海洋大气腐蚀等特点，对各类海洋工程具有广泛的适用性，因此被称为“海洋金属”。

钛合金可以用于直接接触海水和曝露于海洋大气中的各类海洋工程装备或部件，如舰艇壳体、通海管路、泵、阀、热交换器、海水淡化装置、海上油气开采装置及滨海大桥等，对提高海洋工程装备的作业能力、安全性、可靠性及技战术水平具有十分重要的意义，是海洋工程建设的重要材料之一。

例如，苏联建造的历史上水下排水量最大的 941 型台风级战略核潜艇，每艘核潜艇的钛合金用量达 9000 吨。我国“奋斗者”号全海深载人潜水器（见图 3.1）上使用了中国科学院金属研究所自主研发的全新高强高韧钛合金材料 Ti62A，成功解决了载人舱材料所面临的强度、韧性和可焊性等难题，理论屈服强度达到或者超过了 820MPa，足以应对水下深度为 10 909m 的巨大水压。

图 3.1 “奋斗者”号全海深载人潜水器采用中国科学院金属研究所自主研发的钛合金 Ti62A

2. 铝合金

铝（Aluminium）是一种银白色的轻金属，元素符号为 Al。铝元素在地壳中的含量仅次于氧和硅，居第三位，是地壳中含量最高的金属元素。铝的晶体结构为面心立方结构，熔点约为 660℃；铝的密度很轻，仅为 2.7g/cm³；铝具有良好的导电性、导热性，其表面容易形成致密的氧化物保护膜，从而不易受到腐蚀。

铝合金在船舶和海洋工程装备上的应用越来越多，从大型水面舰船、千吨左右的海洋研究船、远洋商船和客船，到水翼艇、快速攻击艇、巡逻艇及登陆艇等，都大量使用铝合金来制造甲板、桅杆、舷窗、直升机平台、集装箱等上层建筑装备，可提高航速、降低成本、提高灵敏度、延长行程、减少维护。例如，美国 1959 年服役的 CVA62“独立”号航空母舰（见图 3.2）使用了约 1019 吨铝合金；我国 2012 年交付的“辽宁”号航空母舰使用了约 650 吨铝合金；液化天然气船（LNG）球形容器的制造越来越多地使用铝合金；铝合金制作的热交换器在海洋温差发电系统中具有较高的使用性能和适中的经济成本，可以在实际应用中代替钛合金或不锈钢；在海洋油气开采中使用铝合金制造钻杆，能够有效地减小摩擦、延长寿命、提升效率。

图 3.2　美国 CVA62“独立”号航空母舰使用了约 1019 吨铝合金

3. 铜合金

铜（Cuprum）的元素符号为 Cu，为面心立方结构，纯铜表面易形成紫红色的氧化膜，故常称为紫铜。铜具有许多优良的物理化学性质，如导热率、导电率等都很高，抗菌抗污，强度适中，可焊性、可塑性、抗磁性、化学稳定性、耐低温性能都很好。纯铜通过与锌、锡、镍等金属合金化，可形成黄铜、青铜、白铜等合金，具有不同的力学性能、工艺性能和理化性能。

除了常规的电力供应，铜及铜合金在海洋中还用于船舶制造、海水淡化装置、海洋油气开采装置，主要部件有海水管路、热交换装置、螺旋桨、海水养殖网箱等。

3.2.3　先进无机非金属材料

在海洋工程材料中，特种陶瓷和特种玻璃因其特殊的结构和功能性质而不可或缺。

1. 特种陶瓷

特种陶瓷也称为先进陶瓷、现代陶瓷、新型陶瓷和精细陶瓷，突破了传统陶瓷以黏土为主要原料的限制，而以氧化物、碳化物、氮化物等人工精制的无机非金属材料粉末为主要原料，通过严谨的结构设计、精确的化学计量、特定的烧制工艺制备而成，是一类具有独特、优异性能的无机非金属材料。特种陶瓷主要分为结构陶瓷和功能陶瓷两大类。

结构陶瓷包括 Al_2O_3 陶瓷、ZrO 陶瓷、MgO 陶瓷、SiC 陶瓷、Si_3N_4 陶瓷、BN 陶瓷等，广泛应用于海洋传感器的高性能电路基板、光源灯管、红外检测材料、热交换器、耐火材料、发热体、燃气轮机部件、核辐射屏蔽材料、耐腐蚀材料等。

功能陶瓷包括电学功能陶瓷、磁学功能陶瓷、光学功能陶瓷、敏感陶瓷、生物化学功能陶瓷等，广泛应用于集成电路基片、陶瓷电容器、超声换能器、温度传感器、湿度传感器、电磁波吸收器、红外输出窗、尾气催化载体等。

2. 特种玻璃

特种玻璃是指除日用玻璃以外的，使用精制、高纯或新型原料，采用新工艺在特殊条件下或严格控制形成过程制成的具有特殊功能或特殊用途的玻璃，主要包括玻璃光纤、生物玻璃、微晶玻璃、石英玻璃、光学玻璃、防护玻璃、半导体玻璃、激光玻璃、超声延迟线玻璃及声光玻璃等。

玻璃光纤是指能以光信号的形式传送信息（光束或图像）的、具有特殊光学性能的玻璃纤维。由于光纤通信技术可以远距离传输巨量信息，且具有传光效率高、聚光能力强、分辨率高、抗干扰、耐腐蚀、可弯曲、保密性好、原料资源丰富等一系列优点，因此已成为当今最活跃和最有应用前景的新兴科学技术之一。目前已有可见光、红外线、紫外线等导光、传像制品问世，并广泛应用于通信、计算机、交通、电力、广播电视、微光夜视及光电子技术等领域。其主要产品有通信光纤、非通信光纤、光学纤维面板及微通道板等。

微晶玻璃是通过在玻璃加热过程中控制晶化制得的含有大量晶体的多晶固体材料，又叫作玻璃陶瓷。微晶玻璃具有许多其他材料所不具备的性能，如热膨胀系数可以调节（可制成零膨胀系数的微晶玻璃）、机械强度高、电绝缘性能优良、介电损耗小、介电常数稳定、耐磨、热稳定性好及使用温度高等，因而可作为结构材料、技术材料、光学材料、电学材料、建筑装饰材料等，广泛用于海洋领域，如军事上使用的导弹雷达天线罩、电子工业及控制系统中使用的印制电路板和射流元件、生活中使用的炊具等。具有荧光特性的透明微晶玻璃有望用作激光及太阳能收集材料；某些微晶玻璃还可作为核废料储存材料。

光学玻璃是用于制造光学仪器或机械系统的透镜、棱镜、反射镜、窗口等的玻璃材料，包括无色光学玻璃（通常简称为光学玻璃）、有色光学玻璃、防辐照光学玻璃、耐辐照光学玻璃和光学石英玻璃等。无色光学玻璃对光学常数有特定要求，具有可见区高透过率、无选择吸收着色等特点；有色光学玻璃又称滤光玻璃，对紫外区、可见光区、红外区特定波长有选择吸收和透过的性能，主要用于制造滤光器，紫外光学玻璃和红外光学玻璃在紫外波段或红外波段具有特定的光学常数和高透过率，可用作紫外光学仪器、红外光学仪器或窗口材料；

防辐照光学玻璃对高能辐照有较大的吸收能力，有高铅玻璃和 $CaO-B_2O_2$ 系统玻璃，前者可防止 γ 射线和 X 射线辐照，后者可吸收慢中子和热中子，主要用于核工业、医学等领域作为屏蔽和窥视窗口材料；耐辐照光学玻璃在一定的 γ 射线、X 射线辐照下，可见区透过率变化较小，其品种和牌号与无色光学玻璃相同，用于制造高能辐照下的光学仪器和窥视窗口；光学石英玻璃的主要成分为 SiO_2，具有耐高温、膨胀系数低、机械强度高、化学性能好等特点，用于制造对各种波段透过率有特殊要求的透镜、棱镜、反射镜和窗口等。此外，还有用于大规模集成电路制造的光掩膜板、液晶显示器面板、影像光盘盘基的薄板玻璃；光沿着磁力线方向通过玻璃时，偏振面发生旋转的磁光玻璃；光按一定方向通过传输超声波的玻璃时，发生光的衍射、反射、汇聚或光频移的声光玻璃等。光学玻璃在海洋光学器件应用领域中用途广泛。

3.2.4 高分子材料

高分子材料是以高分子化合物为主要成分的材料，包括天然高分子材料和人工合成高分子材料两类。高分子化合物（又称为聚合物或高聚物）通常由一种或几种简单的低分子化合物重复连接而成，相对分子质量为 10^3～10^6，具有一定的强度、弹性和塑性。人工合成高分子材料有塑料、合成橡胶、合成纤维、胶黏剂和防污涂料等。

1. 塑料

塑料是以合成树脂为主要成分，加入各种添加剂（如填料、固化剂、润滑剂、增塑剂、稳定剂、发泡剂、着色剂、阻燃剂等），在一定温度和压力下加工成型的材料。其中，合成树脂作为塑料的主要成分，对塑料性能起主导作用；添加剂是为了改善塑料的某些特定性能而加入的物质。现代海洋工程装备中使用较多的是热塑性塑料，其中应用最广泛的有聚乙烯、聚氯乙烯、聚苯乙烯、聚丙烯、聚酰胺等。

2. 合成橡胶

合成橡胶是由生胶、配合剂（如硫化剂、硫化促进剂、填充剂、着色剂等）与增强材料（如各种纤维织物、金属丝编织物等）组成的高分子材料，具有弹性高、弹性模量小、弹性形变大等特点，卸载后能够快速恢复原状，故合成橡胶具有优异的吸震和储能能力。合成橡胶在海洋工程中广泛应用于制造船用减震器、护舷密封零件、橡皮艇、橡胶救生制品、吸收雷达波材料、气垫船围裙等。硫化橡胶的制造在海洋密封领域为重要的“卡脖子”技术。

3. 合成纤维

纤维材料是指长度比直径大很多倍的呈均匀条状或丝状，并具有一定柔韧性的材料。合成纤维是以石油、煤、天然气及农副产品为原料，首先经化学处理提炼出一些单体有机化合物分子（如苯、乙烯、丙烯、苯酚等），然后经聚合反应生成高分子化合物，最后经熔融或溶解成纺丝溶液，在一定压力下喷成纤维，如聚酰胺纤维、聚酯纤维、聚丙烯腈纤维等。

4. 胶黏剂

胶黏剂是通过界面的黏附和内聚等作用，使两种或两种以上的制件或材料连接在一起的天然的或合成的、有机的或无机的一类物质的统称，又叫作黏合剂，习惯上简称为胶。胶黏剂可分为有机胶黏剂和无机胶黏剂（如磷酸盐、水玻璃等），有机胶黏剂又分为天然胶黏剂（如骨胶、虫胶、皮胶等）和合成胶黏剂。工程应用最广的是合成胶黏剂。与焊接、铆接、螺栓连接等方法相比，胶接、黏接具有应力分布连续、质量轻、密封好、耐腐蚀、多数工艺温度低等特点，特别适用于不同材质、不同厚度、超薄规格和复杂构件的连接，其缺点是黏接接头不耐高温、易老化。

5. 防污涂料

防污涂料是防止海洋生物附着、蛀蚀、污损，保持浸水结构（如舰船、码头、声呐）光洁无污所用的涂料，由漆料、毒剂、颜料、溶剂及助剂等组成，涂在防锈底漆之上，利用防污涂料中的毒剂缓慢渗出，在防污涂料膜表面形成有毒表面层，将附着于防污涂料膜的海洋生物，如藤壶、贻贝等杀死。防污涂料的类型有接触型、增剂型、扩散型、自抛型，主要用于海水、淡水中的船舶、海洋结构物、管道等的防污工程。

3.2.5　海洋复合材料

海洋复合材料是专属用于海洋开发的新型材料，一般由有机高分子材料、无机非金属材料或金属材料等几类不同材料通过复合工艺加工而成，这样既能保留原组分材料的主要特色，又能通过复合工艺获得原组分不具备的性能。

海洋复合材料主要有以下几种分类方式。

按照基体材料的类型，海洋复合材料可分为金属基复合材料和非金属基复合材料。金属基复合材料以金属（铝、镁、钛等）为基体。非金属基复合材料包括聚合物基复合材料和无机非金属基复合材料，聚合物基复合材料以有机高分子材料（热固性树脂、热塑性树脂及橡胶等）为基体，无机非金属基复合材料以陶瓷、碳、水泥等为基体。

按照增强材料的类型，海洋复合材料可分为玻璃纤维复合材料、碳纤维复合材料、有机纤维复合材料、金属纤维复合材料、陶瓷纤维复合材料。

按照增强材料的形态，海洋复合材料可分为短纤维复合材料、连续纤维复合材料、粒状填充复合材料、片状填充复合材料、缠绕复合材料、编织复合材料。

按照复合材料的作用，海洋复合材料可分为结构复合材料和功能复合材料。结构复合材料具有良好的力学性能，用于建造和构造结构；功能复合材料以材料的性能为主导，如电学性能、磁学性能、光学性能、热学性能、放射性能。

海洋复合材料可以通过材料设计使各组分的性能互相补充并彼此关联，从而获得新的优越性能，与一般材料的简单混合有本质的区别。在海洋资源开发与环境保护、海洋工程装备、海洋探测设备等领域中都需要大量的新型功能材料，使得海洋复合材料在海洋领域的应用越来越广泛。

1. 海洋工程基建

水泥基复合材料是海洋工程基础建设不可或缺的重要材料，然而传统水泥基复合材料由于长期处于严苛的海洋环境，由于海浪冲刷、化学侵蚀、干湿循环及微生物腐蚀等因素的影响，极易导致工程结构过早劣化破坏，给国民经济建设和国防安全造成不可估量的损失。用玻璃纤维、碳纤维、钢纤维等增强材料制成的新型水泥基复合材料，在严苛海洋环境中表现出良好的性能，具有广阔的发展前景。

2. 海洋平台

随着陆地石油资源的逐渐枯竭，对海洋石油资源的开发力度不断加大，海洋平台在海洋石油资源开发过程中发挥重要作用。玻璃钢即纤维增强塑料，根据其采用的纤维不同可分为玻璃纤维增强塑料（GFRP）、碳纤维增强塑料（CFRP）、硼纤维增强塑料等。玻璃钢由基体材料和增强材料两部分组成，基体材料一般为合成树脂，增强材料一般为玻璃纤维及其制品（如玻璃纤维布、玻璃纤维带、玻璃纤维毡、玻璃纤维纱等），也可称为玻璃纤维增强复合材料，可以有效增强玻璃本身的性能。玻璃钢以质量轻、强度高、耐高温、耐腐蚀、成本低的优点，在海洋平台中得到广泛应用。

3. 舰船制造

复合材料较之于传统的船舶制造材料优势是十分突出的，特别是高质量船体制造领域，复合材料在强度、质量、耐腐蚀性能和耐磨损方面都是十分优越的。在船舶制造行业中，复合材料已经开始逐渐替代传统的船舶制造材料成为主要的船舶制造材料。为了提升船舶的航速和攻击能力，需要对船体进行减重处理，这样既可以有效提升船舶的灵活性，又能节约燃料。相关资料表明，同等规模复合材料舰船的质量仅为钢质舰船的一半。复合材料的突出优势还表现在它的无磁性干扰上，将这一特性应用到扫雷艇和猎雷艇上，往往能取得超乎想象的效果。此外，复合材料的冲击韧性和隔热性能也十分优越，这为船体的无缝连接提供了保障。

除了船体制造，在船舶螺旋桨、推进器、船舱内装饰等方面也大量使用不同类型的复合材料。

4. 海洋深潜

为了解决深海拖体、深潜器和水下机器人等装备的耐压性、结构稳定性，提供足够大的净浮力，人们开始研制高强度的固体浮力材料（简称 SBM）以替代传统的耐压浮力球和浮力筒。

固体浮力材料实质上是一种低密度、高强度的多孔结构材料，属于复合材料范畴，分为三大类：中空玻璃微珠复合材料、轻质合成材料复合塑料和化学泡沫塑料复合材料。中空玻璃微珠复合材料是由空心玻璃小球混杂在树脂中形成的，空心玻璃小球占体积的 60%～70%；轻质合成材料复合塑料是由复合泡沫与低密度填料（如中空塑料或大直径玻璃球）组合改性制成的；化学泡沫塑料复合材料是利用化学发泡法制成的泡沫复合材料。其中，中空玻璃微珠复合材料的最低密度为 $0.5g/cm^3$，轻质合成材料复合塑料的最低密度为 $0.32g/cm^3$，化学泡沫塑料复合材料的最低密度为 $0.24g/cm^3$。

5. 海洋工程装备

海洋环境的腐蚀、高压等作用对材料的强度、抗疲劳性能和耐腐蚀性能提出了严苛的要求。碳纤维复合材料质量轻、耐腐蚀、力学性能好，在海洋工程装备中具有良好的应用前景。碳纤维复合材料已被应用于油田钻井平台的生产井管、抽油杆、输油管等关键部件；海上风力发电的叶片中也已广泛使用碳纤维复合材料，改善了叶片的空气动力学性能，使风力发电机输出功率更加稳定，提高了能量转换效率，同时利用碳纤维的导电性能，通过特殊的结构设计，可有效地避免雷击对叶片造成损伤。此外，国内外已将碳纤维复合材料应用于海上岛礁建筑、码头、浮动平台、灯塔塔架、海底管道等，取代了传统的钢铁建材，避免了腐蚀问题的发生，延长了海上平台的使用寿命，降低了制造成本。

3.2.6 纳米材料

纳米材料被誉为“21 世纪最有前途的材料”。纳米技术主要研究在 0.1～100nm 尺度范围内具有特殊性能的物质及其应用。广义的纳米材料是指在三维空间中，至少有一维达到纳米尺度，或以其作为基本单位所构成的材料。当材料的尺度缩小到纳米尺度时，其部分物理性质、化学性质将发生显著的变化，并呈现出由高表面积或量子效应引起的一系列独特的性能，使其在海洋防污防腐、环境保护、荧光监测等方面有广阔的应用前景。

1. 海洋防污纳米材料

海洋生物污损会引发海洋工程材料的损坏，降低材料使用寿命，带来严重的经济损失和灾难性事故，而涂敷防污涂料则是解决该问题的常用方法。目前市场上应用的海洋防污涂料大多具有毒性，会对海洋的生态平衡造成破坏。纳米 SiO_2、纳米 ZnO、纳米 TiO_2 等具有多种优异性能的材料，具有优良的抗菌性能，已在多个领域得到广泛的应用。此外，碳纳米管（CNT）和石墨烯作为新兴的碳系材料，具有优良的性能，且自身无毒，不污染环境，都具有杀菌能力，碳纳米管也可以降低涂层的比表面能。

2. 海洋防腐纳米材料

材料在海洋环境中必然要经受各种恶劣条件的腐蚀和侵蚀作用，其中不仅包括海浪冲刷、海水溅射、海水腐蚀，还包括海洋中各种微生物附着腐蚀和海洋大型生物（如软体动物）的附着腐蚀作用。传统涂料通过石墨烯材料改性后，不仅能大大提高防腐性能，还能赋予涂料许多新的功能，如优异的导电性、导热性、物理隔绝性、耐冲击性、柔韧性和耐老化性，代表了未来多功能涂料“一膜多能”的发展趋势。在严苛的海洋环境中，石墨烯防腐涂料不仅可以用于海上装备的外层防腐，还可以用于舰船内部（如高热能机电设备、大型电子组件和大型 CPU、大功率雷达等部件）快速散热，散热效果显著，对舰船延长寿命、安全防火、腐蚀防护、增效节能都起到积极作用，性价比高，经济效益可观。

3. 海洋荧光检测纳米材料

纳米荧光技术包括具有荧光性质的各种纳米材料的制备、检测和应用，如半导体荧光纳米材料、稀土荧光纳米材料和荧光蛋白等。半导体荧光纳米材料多为 II-VI 族、III-V 族的化合物；而稀土荧光纳米材料则可以分为下转换荧光材料和上转换荧光材料。利用纳米材料的荧光特性，可对海水的 pH、海水的溶解氧、海水腐蚀相关的硫酸盐还原菌等微生物进行高灵敏度检测。

3.3 海洋通信技术

海洋中的通信一直以来都是个难题，也是世界各国研究的热点。目前海洋通信从方式上主要分为水声通信、光通信、量子通信三种。水声通信是目前海洋无线通信的主流手段，但需要面对水声信道的随机时-空-频变特性问题。蓝绿激光穿透海水的能力强且在海水中衰减较小，但其发散性差，通信连接困难。水下量子通信最大的特点就是安全、可靠，最近的研究成果表明水下量子通信是可行的，但该项技术正式应用于实际工程还需很长的时间。下面将分别从技术简介、工作原理及代表产品等方面对以上三种水下无线通信方式进行详细阐述。

3.3.1 水声通信

水声通信是一项在水下收发信息的技术，其基本工作原理是先将语音、文字或图像等信息转换成电信号，再由编码器进行数字化处理，通过水声换能器将数字化的电信号转换为声信号，声信号通过海水介质传输，将携带的信息传递至接收端的水声换能器，接收端的水声换能器将声信号转换为电信号后由解码器将数字化的电信号解译，还原出声音、文字及图像信息。水声通信目前已成为水下通信方式中最重要的方式。水声通信的技术难度很大，核心问题是由水声信道的时变性和空变性带来的强干扰，需采用有效的技术手段及补偿措施，确保低误码率，提高传输速率和通信距离，当用于军用时，还需考虑信息传递的安全性和多址接入等问题。

1. 工作原理

水声通信工作原理图如图 3.3 所示。

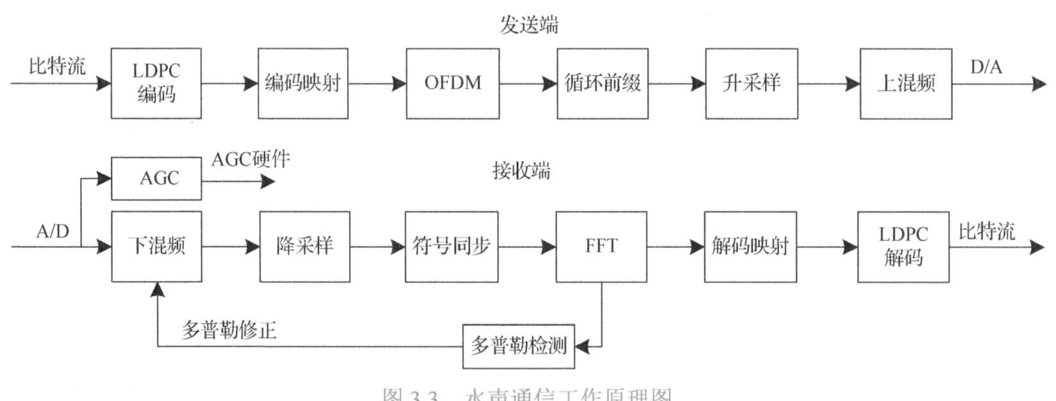

图 3.3 水声通信工作原理图

2. 代表产品

Seatrix 系列低频水声通信机是山仪所的产品，现有 2000m、6000m 和 OEM 三种规格，它们采用先进的编解码技术和调制解调技术，具有小型化、发射功率可调、多码率等特点。Seatrix 系列低频水声通信机如图 3.4 所示，Seatrix 系列低频水声通信机的主要参数如表 3.1 所示。

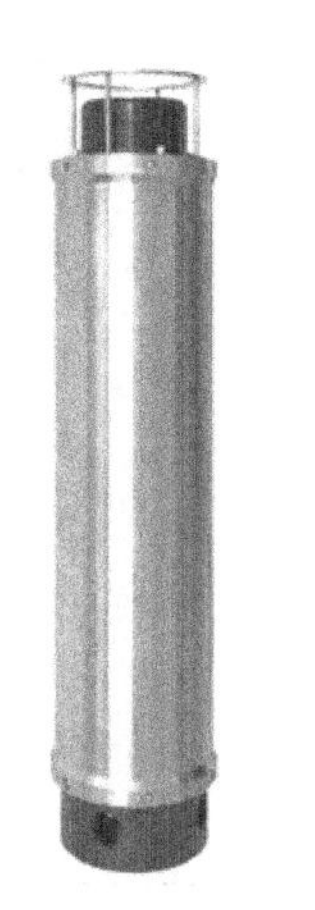

6000m水声通信机（一体式）

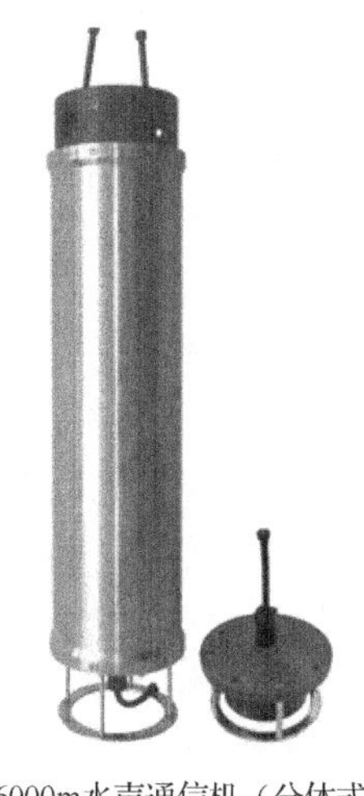

6000m水声通信机（分体式）

2000m水声通信机

图 3.4　Seatrix 系列低频水声通信机

表 3.1　Seatrix 系列低频水声通信机的主要参数

类　别	指　标	类　别	指　标
通信速率	130～2400bps（MFSK、DSSS）	运动速度	5 节
通信频段	9～14kHz	换能器指向	水平全向
通信距离	6000m（六挡发射功率可调）	电气参数	接收功耗 0.8W，发射功耗 10～60W（内置 400Wh 充电电池，RS-232 接口）
工作深度	2000m、6000m		

3.3.2　光通信

水下光通信以光作为信息载体，通常发射端的编码器对信息信号进行编码后，由调制器传送至光源，光源将收到的信号转换为光信号，发射机光学天线将光信号发送到水下信道；光信号通过水下信道到达接收机光学天线处，接收端将接收到的光信号汇聚到光学接收机上，将光信号转换成电信号，并对电信号进行滤波放大等处理，由接收端的解码器进行解码，从而恢复出原始信号。在海水中，蓝绿光的衰减比其他光的衰减要小得多，蓝绿光在海水中具有很强的穿透性，因此发射端的光源模块宜采用蓝绿色高光 LED 或蓝绿色激光。

1. 工作原理

水下光通信工作原理图如图 3.5 所示。

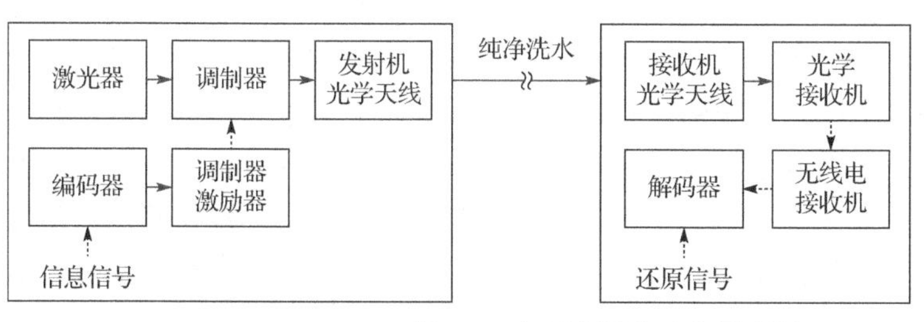

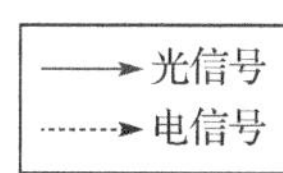

图 3.5　水下光通信工作原理图

2. 代表产品

Sonardyne 公司的产品 BlueComm 200 在弱光环境下（如深水环境或夜间浅水环境）操作最有效。BlueComm 200 的实物图如图 3.6 所示，BlueComm 200 的主要参数如表 3.2 所示。

图 3.6　BlueComm 200 的实物图

表 3.2　BlueComm 200 的主要参数

类　别	指　标	类　别	指　标
通信速率	2.5～10Mbps	适用场合	浅水或深水
最大传输距离	150m	最大工作水深	4000m

3.3.3　量子通信

量子通信是近几年通信技术研究发展的热点，虽然量子通信已经在地空无线电中实际应用，但是水下量子通信的研究还停留在理论模型阶段，该项技术正式应用于实际水下工程还需很长一段时间。现阶段研究成果表明，水下量子通信是可行的，一旦应用到实际中，不仅可以提高通信的安全性，相对于甚低频无线通信还可以加强通信带宽，可以在很大程度上提高通信质量。

量子通信的最大优势是安全可靠，其基本思想主要由 Bennett 等科学家在 20 世纪 80 年代和 20 世纪 90 年代相继提出，主要包括量子密钥分发和量子态隐形传输。量子密钥分发可以建立安全的通信密码，是传统通信方式迄今为止做不到的；量子态隐形传输是基于量子纠缠态的分发与量子联合测量，实现量子态（量子信息）的空间转移而又不移动量子态的物理载体，这如同将密封信件内容从一个信封内转移到另一个信封内而又不移动任何信息载体自身，基于量子态隐形传输技术和量子存储技术的量子中继器可以实现任意远距离的量子密钥分发及量子网络。相较于 VLF、SLF 的无线通信及水声通信，量子通信的传输机制不受海洋时间、频率弥散严重的非平稳随机传输链路特性的影响，也不受海流、内波、不均匀水体、海洋生物等背景干扰噪声的影响，且传输速率远远高于 VLF、SLF 的无线通信及水声通信。

海洋是全球量子通信的重要版图，相比于光纤和大气空间信道的量子通信，将海水作为量子通信信道的难度更高。海水盐度对光的折射率有影响，需要更精确地计算接收角度，而且许多理论研究都认为海水中的微生物和悬浮颗粒导致光子在传播路径上遭遇散射，从而导致量子通信无法进行。图 3.7 所示为光子极化编码的量子态在海水中的传输示意图。研究人员发现，可将微生物或悬浮颗粒等造成的散射都归为海水损耗，海水损耗虽然很大，但是光子只会丢失，不会发生量子比特翻转。

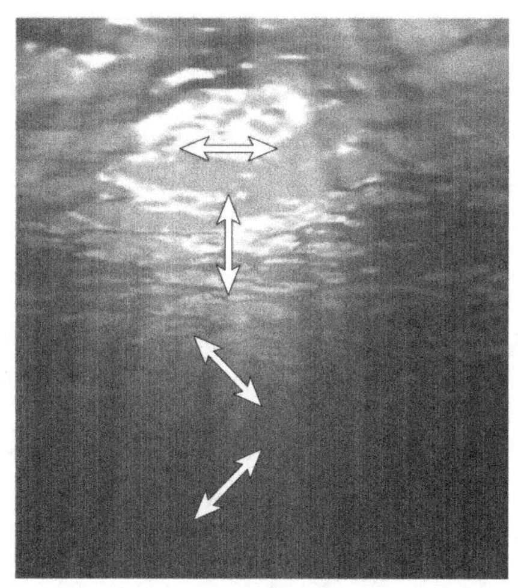

图 3.7　光子极化编码的量子态在海水中的传输示意图

研究人员研究了光子在不同盐度的海水中的折射率并选择合适的光谱，将光子的极化作为信息编码的载体进行实验。实验取得了两个主要成果：一是证明海水并非绝对的屏障或墙，量子纠缠可以穿透海水实现保密通信；二是重现了量子穿过海水过程的矩阵模型。首次海水中的量子实验所用的器材是一根 3.3m 的管道，尽管这个距离相较于实际应用来说还不够，但却迈出了海水中量子通信的第一步。图 3.8 所示为海水中的量子纠缠分发实验装置图。

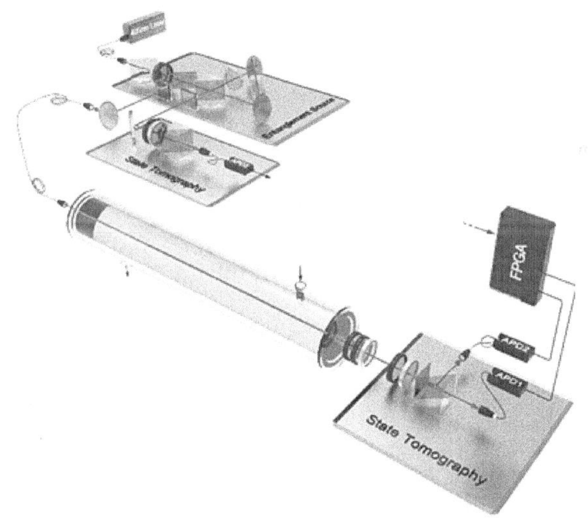

图 3.8　海水中的量子纠缠分发实验装置图

3.4　自动控制技术

自动控制科学是研究自动控制技术共同规律的科学，它的诞生与发展源于自动控制技术的应用。所谓自动控制是指在没有人直接参与的情况下，利用外加的设备或装置（称为控制装置或控制器)，使机器、设备或生产过程（统称为被控对象）的某个工作状态或参数（被控变量）自动地按照预定的程序运行。近年来，随着计算机技术的发展，在宇宙航行、水下机器人控制、导弹制导等高新技术领域中，自动控制技术具有不可替代的作用。

3.4.1 PID 控制技术

PID（比例积分微分）控制方法作为经典控制算法中的典型代表，是一种传统的控制方式。从 1922 年美国 N.Minorsky 提出 PID 控制方法，1942 年美国 Taylor 仪器公司的 J.G.Ziegler 和 N.B.Nichols 提出 PID 控制器参数的最佳调整法至今，PID 控制方法在工业控制中的应用已十分广泛。PID 控制具有结构简单、参数物理意义明确和鲁棒性强等特点。目前 PID 控制算法广泛应用于工业控制，其控制方法成熟，易于理解和掌握，适用于不需要建立算法模型的工业控制，控制效果好，安全性高，稳定性好。

PID 控制将偏差的比例（P）、积分（I）和微分（D）通过线性组合构成控制量，对被控对象进行控制，PID 控制原理图如图 3.9 所示。

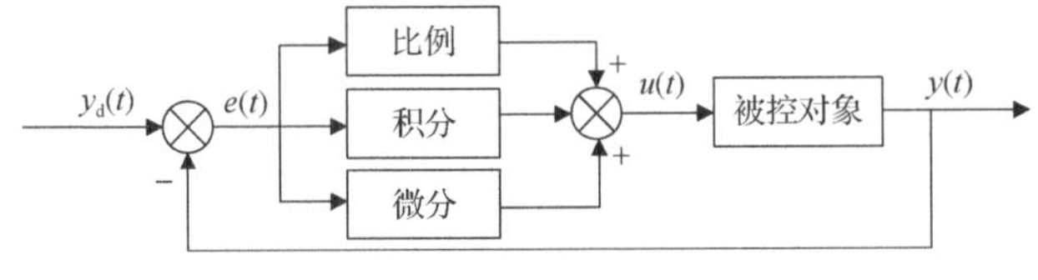

图 3.9 PID 控制原理图

1. 位置式 PID 控制算法

PID 控制器对系统给定值 $y_d(t)$ 同系统输出值 $y(t)$ 的偏差 $e(t)$ 分别进行比例、积分、微分运算，并由此得到输出量 $u(t)$，计算公式为

$$e(t)=y_d(t)-y(t) \tag{3.1}$$

$$u(t)=K_P e(t)+K_I\int_0^t e(t)\mathrm{d}t+K_D\frac{\mathrm{d}e(t)}{\mathrm{d}t} \tag{3.2}$$

式中，K_P 为比例系数；K_I 为积分作用系数；K_D 为微分作用系数，各校正环节作用如下。

（1）比例系数 K_P 可以加快系统的响应速度，提高系统的调节精度。系统的响应速度和调节精度同 K_P 呈正相关，K_P 过大会产生超调，使系统不稳定；K_P 过小则会使响应速度变慢，使系统的静态特性、动态特性变差。

（2）积分作用系数 K_I 可以消除系统的稳态误差。K_I 越大，系统静态误差消除越快。但 K_I 过大会在响应过程产生较大的超调，产生积分饱和现象；K_I 过小则会使系统稳态误差不易消除，影响系统的调节精度。

（3）微分作用系数 K_D 可以改善系统的动态特性。但 K_D 过大会使系统的调节时间延长，抗干扰性能降低。

2. 增量式 PID 控制算法

增量式 PID 控制算法对系统的输出量，即控制量的增量（用 $\Delta u(k)$ 表示）进行 PID 控制。增量式 PID 控制算法在应用时，输出量相对的是本次执行设备的位置增量，并非相对执行设备的现实位置，所以该算法需要执行设备对控制量的增量进行累积，才能实现对被控对象的控制。

运用增量式 PID 控制算法的优势：算式中没有累加环节，不需要进行大量的计算；控制量的增量与系统最近三次的采样值有关，使用加权处理可以达到良好的控制效果；每次计算机输出的仅仅是控制量的增量，即相对执行设备位置的增量。如果机器发生故障，对系统的影响范围小，更不会影响生产过程。增量式 PID 控制算法将当前时刻的控制量和上一时刻的控制量做差，用差值作为新的控制量，是一种递推式的算法，如式（3.3）、式（3.4）所示：

$$\Delta u(k)=u(k)-u(k-1) \tag{3.3}$$

$$\Delta u(k)=K_{\mathrm{P}}\big(e(k)-e(k-1)\big)+K_{\mathrm{I}}e(k)+K_{\mathrm{D}}\big(e(k)-2e(k-1)+e(k-2)\big) \tag{3.4}$$

3. 微分先行 PID 控制算法

将微分运算提前进行，即 PID 控制算法中的微分先行，微分先行 PID 控制算法原理图如图 3.11 所示。

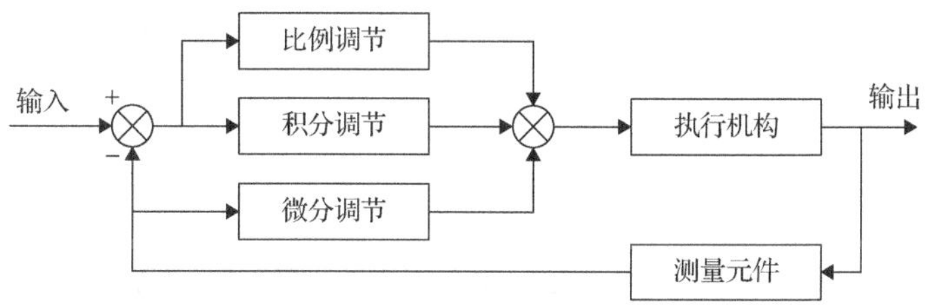

图 3.10　微分先行 PID 控制算法原理图

只对系统的输出量微分，当给定量多次变化时，使用它能防止因为给定量的变化引起过大的超调与过分剧烈的输出。在微分环节中，系统的输出量有被控参数和变化速度值。把输出量作为测试值，输入到比例积分系统中，可以加强系统克服超调的能力，使系统的补偿过程滞后，提高系统控制精度。同时，它在改变给定的温度时，输出量不会剧烈变化。因为被控变量通常不会跃变，哪怕给定值发生变化，被控变量也不会突变，而是缓慢改变，从而避免微分项发生突变。

对偏差值进行微分先行运算，会对给定值与偏差值都进行微分运算，它主要应用于串联控制系统的副控制回路。因为主控制回路赋值给副控制回路的给定值，为保证准确对给定值做微分处理，应在副控制回路中采用 PID 偏差控制。我们经常说的微分先行 PID 控制算法是指输出量的微分。

4. 抗积分饱和 PID 控制算法

所谓积分饱和现象是指若系统存在一个方向上的偏差，PID 控制器的输出会由于积分作用的不断累加而加大，从而导致控制量 $u(k)$ 达到极限。此后即使 PID 控制器输出继续增大，$u(k)$ 也不会再增大，即系统输出超出正常运行范围而进入饱和区。一旦出现反向偏差，$u(k)$ 就会逐渐从饱和区退出。进入饱和区越深则退出饱和区时间越长。此段时间内，执行机构仍停留在极限位置，不能随着反向偏差立即做出相应的改变，这时系统就像失去控制一样，造成控制性能恶化。这种现象称为积分饱和现象或积分失控现象。

在计算$u(k)$时，要判断上一时刻的控制量$u(k-1)$是否超过限制范围，若超过限制范围则根据偏差决定是否累计积分项：若未进入超调区则不累计积分项，否则开始累计积分项。

5. PID 控制算法的发展与展望

目前，智能控制在理论知识和技术控制方面都有很大的进展，因此出现了智能控制方法和常规 PID 控制方法结合在一起的新控制方法，出现了各种各样的智能 PID 控制系统。它吸取了两种方法各自的优点来弥补算法上存在的不足。智能控制应具备自组织、自学习、自适应的能力，并且能够自动调整控制参数、自动分辨被控制的过程参数。它还具有常规 PID 控制算法的优点：可靠性高、鲁棒性强、结构简单和易于被现场工程技术人员掌握等特点。拥有这两大优势，智能 PID 控制算法成为现代控制方法中一种很实用的控制方法，包括模糊 PID 控制、神经网络 PID 控制、专家 PID 控制及基于遗传算法的 PID 控制等。

随着人工智能的发展，PID 控制算法将会结合人工智能共同控制系统。特殊领域也可用人工智能 PID 控制算法进行精微调节。人体自身的调节系统就是一个完美的调节系统，一直以来都为人工智能提供研究资料。只是这方面研究还没有达到理想的结果，未来人工智能 PID 控制将成为主导的控制方法。

3.4.2 典型应用

PID 控制器在海洋机器人运动控制中得到了国内外许多专家的认可，因其控制参数意义明确、易于理解、调节方便而得到广泛应用。以 AUV 为例进行介绍，其结构如图 3.11 所示。

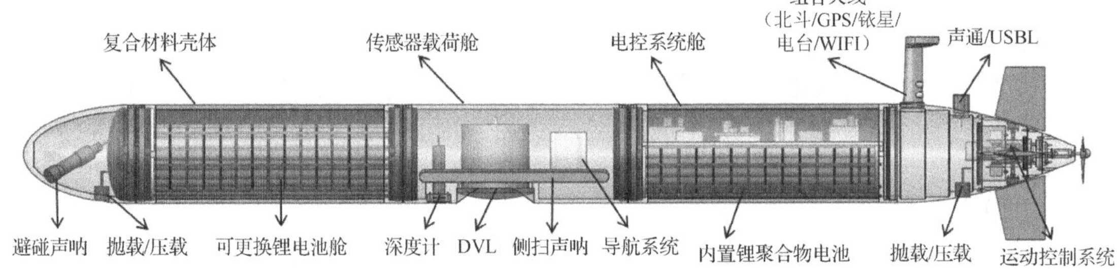

图 3.11 AUV 结构（来自中国海洋大学水下机器人实验室）

1. 航向控制系统

航向控制是通过控制垂直舵的偏角来实现的，控制系统的反馈信号为偏航角，由罗盘测得。PID 控制器输入为航向误差 e，经 PID 控制器，输出垂直舵的舵角，航向控制系统结构图如图 3.12 所示。

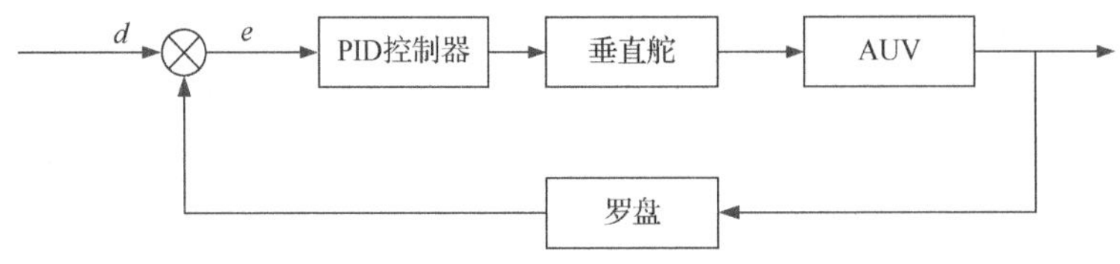

图 3.12 航向控制系统结构图

2. 深度控制系统

深度控制是通过改变俯仰角来实现的，因此采用双闭环控制。外环输入为深度误差 e，输出量为期望的俯仰角；内环实现 AUV 的俯仰角控制，内环输入为倾角误差 e'，输出为水平舵的舵角，从而实现深度控制，深度控制系统结构图如图 3.13 所示。

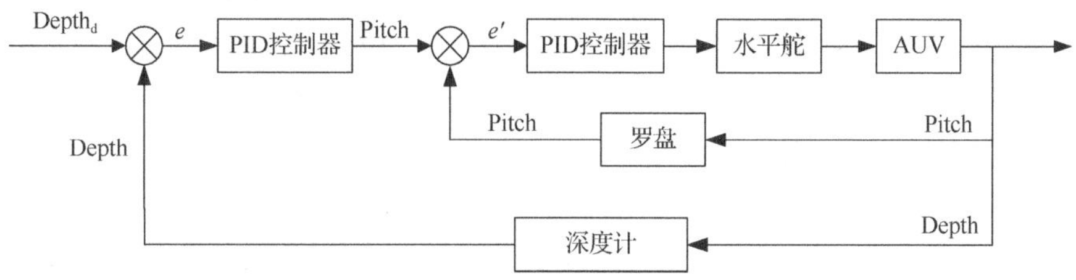

图 3.13　深度控制系统结构图

（1）AUV 运动控制主要为位姿控制，其操作系统主要有水平舵、垂直舵、螺旋桨等，这些装置具有一定的物理约束条件，故 PID 控制参数的设置应避免操作系统长期处于饱和状态，从而损坏系统，不恰当的控制参数会导致操作系统不稳定。

（2）比例单元可减少稳态误差，但无法消除误差，过大的比例系数易导致系统不稳定；积分单元主要用于消除静态误差，此控制单元通过误差的积累改善 PID 控制效果，但会出现积分饱和现象，导致系统运动控制执行机构达到饱和，其他控制单元无法起到应有的控制作用，故为了避免积分饱和现象需设置积分阈值；微分单元可预测误差发展趋势，但其不能单独使用，需要与另外两种规律相结合，组成 PD 控制器或 PID 控制器。

（3）根据系统动态、静态控制效果，可调整 PID 控制参数，改善系统控制效果，但由于 AUV 是一种强耦合非线性系统，其 PID 控制参数不易调整。由于 AUV 系统位姿控制均与纵向速度耦合，故许多 AUV 专家采用解耦控制方式，如航向控制系统与深度控制系统。

（4）PID 控制参数调整顺序为比例、积分、微分，掌握各控制单元在 AUV 系统运动中的作用和意义，分析 AUV 系统输出曲线的控制效果与期望性能指标，找出待改进性能指标。

（5）PID 控制参数调整原则：若有较大稳态误差则增加比例单元控制参数；若有较小稳态误差则增加积分单元控制参数；若调节时间较长则增加微分单元控制参数。

3.5　海洋检测技术

海洋检测技术主要是通过利用声、光、电等原理来检查海洋设备性能及海洋环境是否满足预期的要求，通过测量设备的电压、电流、频率等电气特性（如测量范围、最大允许误差）对其进行检测，可以确定该海洋仪器是否能满足计量性能要求。

例如，我们可以用骚扰电流来测试海洋设备和海洋系统研发时的电磁敏感度；通过测量绝缘电阻（将直流电压加于电介质，经过一定的时间，即极化过程结束后，流过电介质的泄漏电流对应的电阻值叫作绝缘电阻）来发现电气设备绝缘是否存在整体受潮、整体劣化和贯穿性缺陷；通过抗扰度测试系统和电磁敏感度兼容工具，在研发过程中对元件和 PCB（印制电路板）进行抗干扰分析。

3.5.1 海水温度检测技术

海洋测温仪器主要用于测量海水的温度，为海洋工程建设、海洋资源开发、海洋学研究等领域提供海洋温度信息。

海洋测温仪由一等标准铂电阻温度计、测温电桥、检测恒温槽等组成，其中检测恒温槽是为海洋温度检测专门研制的，提供了有效温场和以天然海水为介质的海水槽，可供海洋测温仪的温度传感器检测。测温时需要将温度传感器置于海水介质中感温，输出相应的电信号或数字信号，由信号处理单元处理后存储或显示被测海水的温度。

1. 铂热电阻

材料铂的优点：物理性质、化学性质极为稳定，尤其是抗氧化能力强，并且在很宽的温度范围内（1200℃以下）均可保持上述特性；易于提纯，复制性好，有良好的工艺性，可以制成极细的铂丝或极薄的铂箔；电阻率较高。材料铂的缺点：电阻温度系数较小；在还原介质中工作时易被还原而变脆；价格较高。

铂热电阻的阻值与温度的关系近似呈线性，其特性方程为

$$R_t = R_0\left[1 + At + Bt^2 + C(t-100)t^3\right] \quad (-200℃ \leqslant t < 0℃) \tag{3.5}$$

$$R_t = R_0\left(1 + At + Bt^2\right) \quad (0℃ \leqslant t \leqslant 960℃) \tag{3.6}$$

式中，R_t 为当温度为 t 时，铂热电阻的阻值；R_0 为当温度为0℃时，铂热电阻的阻值；A、B、C 均为温度系数。

2. 高精度水温传感器

高精度水温传感器采用抗腐蚀结构，由聚甲醛材料制成，可在恶劣气候下的海洋环境中使用。高精度水温传感器由 316 不锈钢紧固件和防水等级高、抗拉强度大的水下电缆（带水密头）组成，如图 3.14 所示，其技术参数如表 3.3 所示。

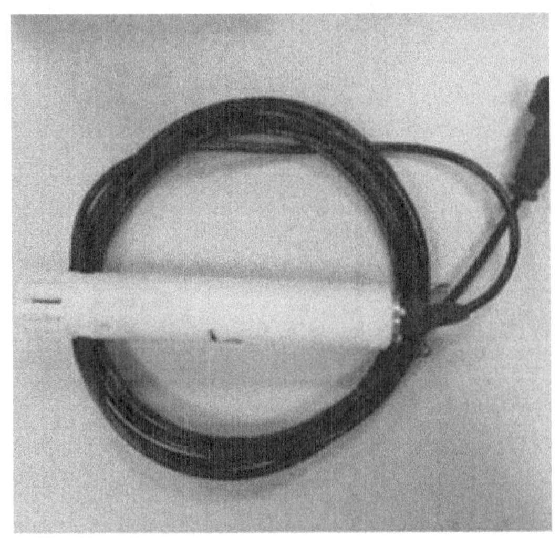

图 3.14　高精度水温传感器

表 3.3　高精度水温传感器的技术参数

类　别	指　标	类　别	指　标
温度测量范围	−5～+45℃	存储温度	−40～+80℃
准确度	±0.005℃	波特率	4800
分辨率	±0.001℃		9600
工作环境	−15～+55℃		19 200
输出形式	RS-232		38 400
输出格式	十进制（待定）		57 600
采集间隔	0～255s		115 200（默认）

3.5.2　海水盐度检测技术

海水盐度检测就方法而言，有化学方法和物理方法两大类。

1. 化学方法

化学方法为 $AgNO_3$ 滴定法。其原理是在离子比例恒定的前提下，采用 $AgNO_3$ 溶液进行滴定，先通过麦克伽莱表查出氯度，再根据氯度和盐度的线性关系，来确定水样的盐度。此法是克纽森等人在 1901 年提出的，在当时，无论从操作的可实现性上，还是其滴定结果的精确度上来说，都是令人满意的。

2. 物理方法

物理方法有比重法、折射法、电导法三种。

海洋学中广泛采用的比重指的是一个大气压下，单位体积海水的质量与同温度同体积蒸馏水的质量之比。比重法测量海水盐度是基于海水的比重和海水的密度密切相关，而海水的密度又取决于海水的温度和盐度，所以比重法的实质是先由海水的比重求海水的密度，再根据海水的密度、温度推算海水的盐度。

折射率法是通过测量海水的折射率来确定海水盐度的。

以上几种测量海水盐度的方法存在误差较大、精度不高、操作复杂、不利于仪器配套等问题，尽管现在仍在某些场合下使用，但逐渐被电导法所代替。

电导法是利用不同盐度的海水具有不同的导电特性来确定海水的盐度。1978 年实用盐标解除了氯度和盐度的关系，直接建立了盐度和电导率的关系。由于海水的电导率是其盐度、温度和压力的函数，因此，通过电导法测量海水盐度必须对温度和压力对海水电导率的影响进行补偿。采用电路自动补偿的盐度计作为感应式盐度计；采用恒温控制装置、免除电路自动补偿的盐度计作为电极式盐度计。

感应式盐度计的工作原理为电磁感应现象，它可以在现场测量或在实验室中测量，因此得到广泛应用，在实验室中测量精度可达±0.003。该仪器用于现场测量是比较好的，特别是对于有机污染含量较多、不需要高精度测量的近海。然而，由于感应式盐度计需要的样品量很大，灵敏度又不如电极式盐度计高，并需要进行温度补偿，操作麻烦，这就导致感应式盐度计逐渐向电极式盐度计发展。

最先利用电导法测海水盐度的仪器是电极式盐度计，由于电极式盐度计的测量电极直接接触海水，容易出现极化现象也易受海水腐蚀、污染，使其性能减退，这就严重限制了电极式盐度计在现场的使用，所以电极式盐度计主要用于实验室内做高精度测量。目前广泛使用的 STD（温盐深记录仪）、CTD 等剖面仪均是电极式结构。

基于硼掺杂金刚石薄膜的性能优势，突破电导池核心传感器制备与封装的关键技术，研制测量精度为±0.005mS/cm 的硼掺杂金刚石薄膜电极式海洋盐度传感器，解决海洋领域的关键技术，电极式海洋盐度传感器如图 3.15 所示，其技术参数如表 3.4 所示。

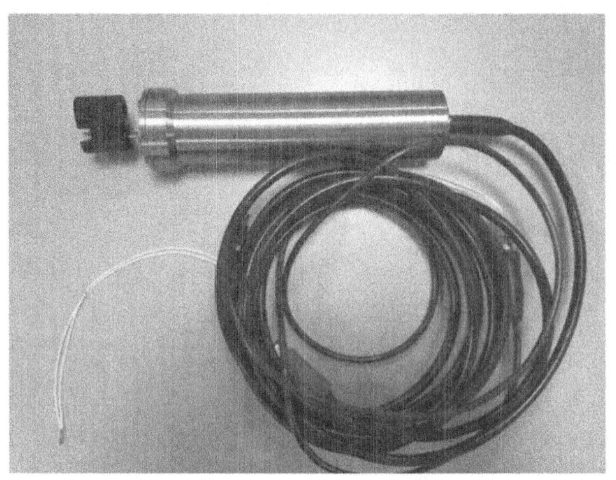

图 3.15　电极式海洋盐度传感器

表 3.4　电极式盐度传感器的技术参数

类　别	指　标
电导率测量范围	2～70mS/cm
电导率测量精度	±0.005mS/cm（28～65mS/cm）
温度测量范围	-3～+45℃
温度测量精度	±0.01℃（0～35℃）

3.5.3　海水深度检测技术

海水深度测量方法多种多样，超声波测深、光学测深、微波测深、压力测深等都是常用的方法。超声波测深是最广泛采用的方法，但海水流速、海水中含沙量的影响是超声波测深难以克服的问题，且风浪状态下载体的摆动使得深度难以精确测量。光学测深、微波测深具有同样的问题，但相对于水质影响，传播距离的限制是制约它们发展的主要因素。压力测深是一种基于水深和压力的对应关系，利用测压元件测量压力进而计算得到水深的测量方法，不同之处在于其属于被动测量，能够满足特殊场合的需要，同时，压力测深的低成本和高精度优势也是影响其应用范围的重要因素。

海洋测深仪器工作原理图如图 3.16 所示，被测压力经传压介质作用于压力传感器，压力传感器输出相应的电信号或数字信号，经信号处理单元处理后，在显示器上直接显示出被测压力的值。

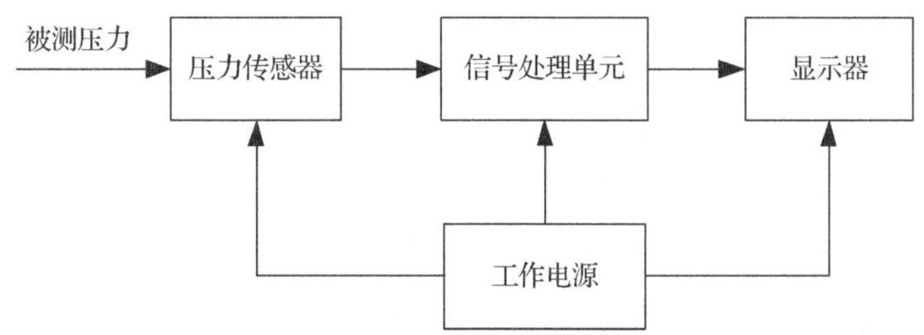

图 3.16 海洋测深仪器工作原理图

3.5.4 海水电导率检测技术

海水电导率测量仪器主要用于测量海水电导率，为海洋工程建设、海洋资源开发、海洋学研究等领域提供海水电导率信息。

海水电导率测量仪器按照电导池的形式可分为感应式海水电导率测量仪器和电极式海水电导率测量仪器两种。感应式海水电导率测量仪器由两个同轴变压器构成，将激励信号加到其中一个同轴变压器时，海水构成耦合的单匝回路产生感应电流，该感应电流在另外一个同轴变压器上产生感应电动势，只要测出感应电动势的值，通过定标就能求出海水的电导率。电极式海水电导率测量仪器将激励信号加到电极上，电极浸入海水后即可测得海水的电导率。图 3.17 所示为电极式海水电导率测量仪器原理图。

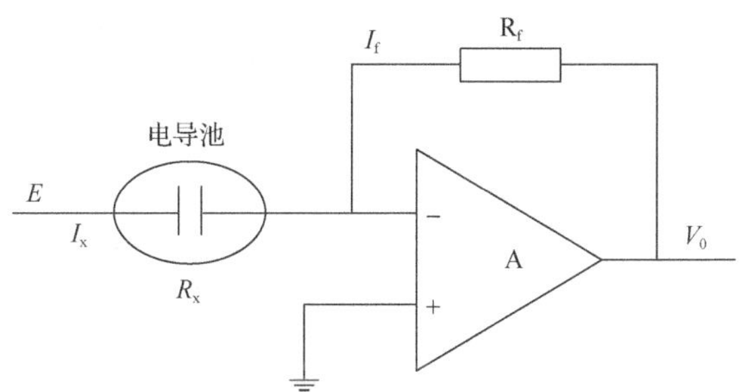

图 3.17 电极式海水电导率测量仪器原理图

由图 3.16 可得

$$I_x = \frac{E}{R_x} = E \times G = \frac{E \times K}{J} = \frac{V_0}{R_f} \tag{3.7}$$

式中，I_x 为流经电导池的电流；E 为加在电导池两端的电压；R_x 为海水的阻值；G 为海水的电导率；J 为海水的电导池常数；K 为电导池常数；V_0 为运算放大器输出电压；R_f 为反馈电阻的阻值。根据公式（3.7）可以得出，当对电导池两端加上一定的电压时，海水的电导率与电流成正比，且根据输出电压可以求得流过海水的电流。

3.5.5 海水 pH 检测技术

海水 pH 测量仪用于测量海水的 pH，为海洋环境保护、渔业养殖、海洋碳循环研究等提供海洋化学环境信息。测量海水 pH 的常用方法有电极法、比色法。

电极法测量海水 pH 的原理为

$$\mathrm{pH_x} = \mathrm{pH_s} + \frac{E_x - E_s}{\frac{2.303RT}{F}} \tag{3.8}$$

式中，$\mathrm{pH_x}$ 为待测水样的 pH；$\mathrm{pH_s}$ 为标准缓冲溶液的 pH；E_x 为玻璃-甘汞电极对插入待测水样的电动势；E_s 为玻璃-甘汞电极对插入标准缓冲溶液的电动势；R 为气体常数；F 为法拉第常数；T 为绝对温度（K）。

海水 pH 测量仪由 pH 传感器和主机组成，其工作原理为当 pH 传感器置入海水介质时，将 pH 转换为相应的模拟信号或数字信号输出，经数据处理后显示出海水的 pH。

3.5.6 海水溶解氧检测技术

海水溶解氧测量仪用于测量海水中溶解氧的含量，为海洋环境保护、渔业养殖、赤潮预报等提供重要的海洋化学环境信息。

海水溶解氧的含量随着水体和外界条件的变化而变化，水体温度越低，水体表面蒸汽压越高，氧的溶解度越大，反之就越小。地面水被空气饱和，空气中的各种组分按其各自分压所对应的溶解度溶解。海水溶解氧测量仪由溶解氧传感器和主机组成，其工作原理为当溶解氧传感器置入海水介质时，按一定的规律将海水中溶解氧转换为相应的电信号（电压、电流或频率）或数字信号输出，经模数转换和数据处理后显示出海水溶解氧的值。常用的测量系统有 Clark 系统和 JUMO 系统，如图 3.18 所示。

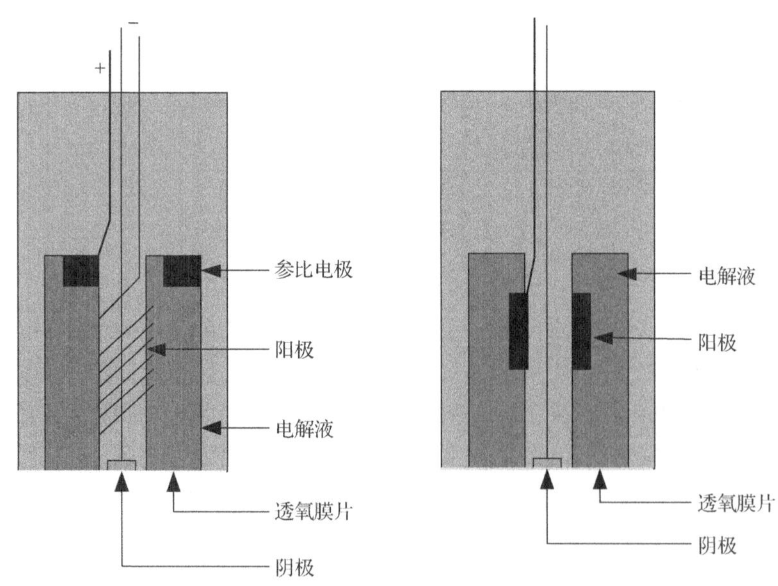

图 3.18　Clark 系统（左）和 JUMO 系统（右）

多参数水质仪（ST9100）是基于光学、电化学原理制造的成熟产品，可用于海洋、湖泊、河流、地下水的电导率、pH、深度、溶解氧的长期监测，多参数水质仪如图 3.19 所示，其技术参数如表 3.5 所示。

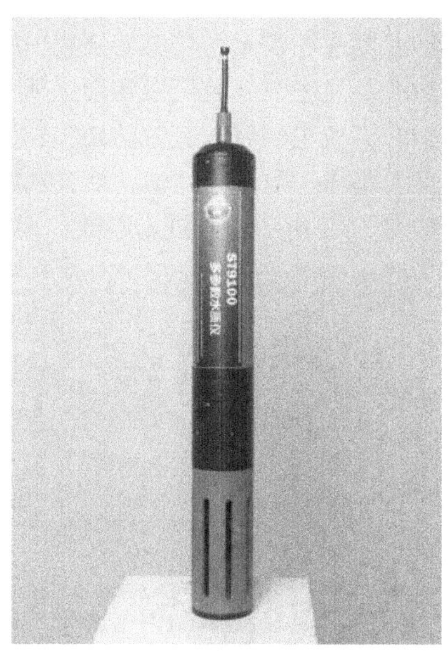

图 3.19　多参数水质仪

表 3.5　多参数水质仪技术参数

类　别	指　标			
测量参数	电导率	pH	深度	溶解氧
检测范围	0～200mS/cm	0～14	0～100m	0～25mg/L
准确度	±1%FS	±0.2	±0.04%FS	±1%FS
分辨率	0.1μS/cm	0.1pH	0.05m	0.01mg/L
工作水深	0～100m			

3.5.7　海水浊度、叶绿素检测技术

1．海水浊度检测技术

海水浊度测量仪用于测量海水的悬浊物浓度，为海洋环境保护、渔业养殖等提供重要的海洋化学环境信息。

海水浊度测量仪由浊度传感器和主机组成，其中浊度传感器的光源发射方向有垂直向下和侧向两种形式，其工作原理为浊度传感器发出光并穿过样品，检测器从与入射光成 90° 的方向上检测有多少光被水中的颗粒物所散射，经模数转换和数据处理后显示海水浊度。

2．海水叶绿素检测技术

海水叶绿素测量仪用于测量海水的叶绿素浓度，为海洋环境保护、渔业养殖、赤潮预报等提供重要的海洋化学环境信息。

海水叶绿素测量仪由叶绿素传感器和主机组成。其工作原理为海水中的叶绿素分子被紫外线照射后可发射出特征红色荧光，其荧光强度与叶绿素浓度成正比，经数模转换和信号处理后输出海水叶绿素浓度。

采用山东省科学院研制的叶绿素与浊度传感器（CHL/T3200），该传感器分别采用荧光法和光散射法对水中叶绿素浓度和浊度进行测量。传感器采用一体化三参数光学探头设计，能同时测量水体的叶绿素浓度、浊度及温度，并且可以实现水体不同浊度、温度下叶绿素浓度的自动补偿校准。此外传感器配有机械电刷可以有效防止生物附着。传感器具备自主研发等核心技术，可广泛应用于水处理（海洋、河流、湖泊、地下水等）、水产养殖、环境监测等，叶绿素与浊度传感器的实物图如图 3.20 所示，其技术参数如表 3.6 所示。

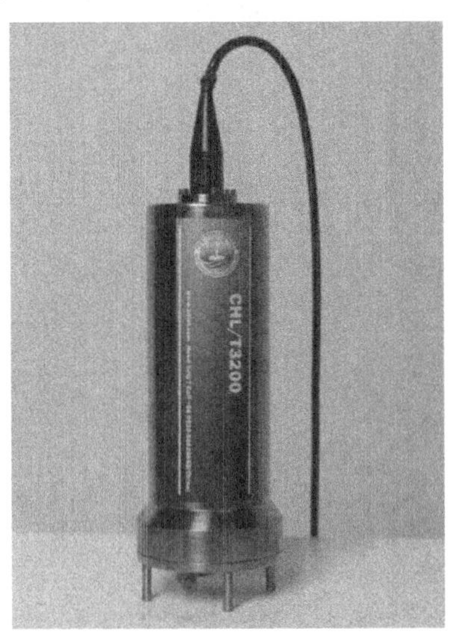

图 3.20　叶绿素与浊度传感器的实物图

表 3.6　叶绿素与浊度传感器技术参数

类　别	指　标
测量范围	0.1～200μg/L（量程可扩展）
准确度	±2%FS
分辨率	0.05μg/L
响应时间	≤2s
通信方式	RS-485
体积	ϕ 72mm×241mm

3.6　海洋信息处理技术

海洋信息处理是人类认识海洋、了解海洋、研究海洋的重要手段，在生态保护、防灾减灾、科学研究等多个领域具有重要作用，它可以提高人类对海洋的认知、管理与利用海洋的能力，在我国海洋管理、海洋权益维护、海洋资源开发和海洋环境保护方面发挥着重要作用。

海洋信息处理系统通过部署在指定海域的海洋观测仪器，获取该海域观测要素的数据，通过观测网络传输到系统应用平台，进行数据处理、分析和管理，实现在不同尺度上对海洋观测数据的显示和共享，更加直观地展示指定海域环境变化的规律，辅助不同学科、不同部门完成对海洋的认知、管理与利用。海洋信息处理系统拓扑结构如图 3.21 所示。

图 3.21　海洋信息处理系统拓扑结构

海洋信息处理系统前端连接多种多样的观测仪器，是海洋观测数据的来源。海洋观测仪器种类繁多，使得海洋物联网软件的开发更加困难。海洋观测仪器主要包括 ADCP、CTD、投弃式温深计（XBT）、叶绿素仪、浊度仪、光照仪、气象仪、雨量计和测波浮标等。海洋观测仪器需要部署于所依附的观测平台，如天基观测平台（遥感卫星）、空基观测平台（海洋巡航机和无人机等）、岸基观测平台（监测中心、海洋站和多波段地波雷达等）、海基观测平台（调查船、志愿船、AUV、ROV、浮标、滑翔机和潜标等）和海床基观测平台（水声探测阵列等）。海洋观测仪器观测要素主要包括风、浪、流、叶绿素、降雨量、光照、水质、潮汐、温度和盐度等信息。

海洋信息处理系统主要用于对海洋观测数据的处理、分析、显示和存储。根据不同学科、不同部门的不同需求，对观测数据按照一定的格式进行处理和分析，采用更加直观的可视化技术对观测数据进行显示，便于用户对观测数据进行分析和查看。根据海洋信息处理的需求，对数据处理分析能力要求较高，显示方法更加多样。

3.6.1　海洋信息处理的特殊性

与传统工业信息处理系统相比，海洋信息处理包括以下几方面的特殊性。

（1）观测范围立体化。目前，海洋信息处理需求正朝着空、天、地、海一体化的方向发展。随着“透明海洋”计划的提出，观测由海上和海面观测，逐渐扩展为海面到海底的立体化观测；由近海和浅海观测，逐渐走向深海观测；由单一的点线面观测，逐渐转变为立体三维海域观测；由粗犷化海洋观测，开始转变为精细化海洋观测；由局域性海洋观测，逐渐转变为全球性海洋统一观测。建设海洋物联网首先需要对海上、陆地、空中的基础设施进行建设，才能形成复杂而庞大的观测网络。主要包括以下几方面：

海上建设：包括调查船、志愿船、海床基、平台站、浮标、潜标、AUV 和 ROV 等建设内容。

陆地建设：包括监测中心、海洋站、数据传输网、卫星接收机、GPS 观测站和 X 波段雷达站等建设内容。

空中建设：包括海洋卫星、通信卫星、无人机等建设内容。

目前的海洋信息处理已经逐步开始走向全球立体化和实时化观测时代。大尺度、立体化和全方位的海洋信息处理系统，能够实现将全球海洋变化规律作为统一的整体进行分析和研究，为研究海洋、了解海洋和利用海洋提供统一的数据分析决策平台。

（2）观测仪器多样性。海洋观测仪器是海洋物联网的数据来源，可以对观测对象进行采样、测量、数据处理和传输等。海洋观测仪器种类多样，且存在大量的各单位自己研制的观测仪器，这对海洋物联网的软件开发模型的研究提出了挑战。海洋观测仪器按照不同的原理可以分为多种类型，按照结构原理可以分为声学式、光学式、电子式、机械式和遥感式（详见第 4 章）。

（3）通信方式多样化。首先，由于海洋观测仪器类型的多样性，造成了海洋物联网的通信方式多样化；其次，由于海洋观测范围开始转向全球化和立体化，单一的小范围的通信方式已经不能满足大尺度观测的需求；最后，不同的通信方式分别适用于不同的观测方式、不同的数据传输的准确性和时效性需求及不同的数据传输成本，造成了多种通信方式并存的现象。目前采用的通信方式包括：海底光缆、数据多跳、无线电、码分多址（CDMA）、通用分组无线服务（GPRS）、无人机、船舶拖曳、AUV、ROV 和卫星等多种方式。

（4）数据处理分析复杂性。首先，海洋信息观测系统的观测数据处理分析复杂性体现在数据处理分析是实时的、连续的，对不同尺度、立体化范围海域的观测需求，导致观测数据量大幅度增加；其次，海洋观测仪器的多样性，导致数据格式各异，数据传输方式多样，造成数据处理分析过程变得异常复杂；再次，不同的海洋观测仪器的数据传输和存储格式各异，观测数据传输方式包括实时数据流传输、实时数据文件传输和指定时间段的数据文件传输等，观测数据存储格式包括气象观测数据实时传输采用的 BUOY、SHIP 和 BUFR 等格式，海洋观测数据模数交换采用 NetCDF 格式，遥感数据传输采用 HDF 和 GRIB 等格式，以上数据传输方式和存储格式的多样性，进一步加大了海洋物联网数据处理分析的难度；最后，海洋物联网的观测数据类型涉及海洋物理学、海洋生物学、海洋化学、海洋地质学和海洋气象学等多个学科，不同的学科、不同的研究方向，对数据处理分析的要求各不相同，且相互影响和关联，造成数据的处理分析过程极其困难。

（5）用户需求多样性。由于海洋物联网面向的用户群包括国家海洋管理部门、地方海洋业务部门、渔业局、海洋气象预报局、海洋科研高校及普通用户等，用户群数量庞大，不同用户根据自己的职能和需求，对观测数据的处理和可视化方式的要求各有不同。海洋物联网观测数据的显示方式根据功能不同主要包括地理信息系统（GIS）、数据列表、曲线、垂直剖面、要素关联、玫瑰图、场、流及三维立体可视化等内容。为了满足不同用户需求，需要根据用户的类型，设定不同的使用权限，定制不同的数据处理和可视化方式。

由于以上海洋信息处理的特点，海洋信息系统类型多样，实现困难，尤其海洋大数据等新兴技术的发展，给海洋信息处理技术带来了新的挑战和机遇。

3.6.2　工作原理及方法

海洋信息处理的工作原理是通过采集器，采用对应接口通信方式及通信协议，获取观测平台和观测仪器的观测数据；通过海底光缆、数据多跳、无线电、CDMA、GPRS、无人机、船舶拖曳和卫星等方式，传输数据至岸边数据中心；在数据中心对获取的观测数据进行质量控制和数据清洗，并采用数据库进行存储；采用大数据和云计算技术，对观测数据进行挖掘分析和处理；基于数据可视化技术，采用 C/S 架构和 B/S 架构，开发海洋信息观测展示系统，对观测数据采用 GIS、曲线、列表、图谱、场、流等方式进行二维和三维展示及交互；同时，采用万维网服务（Web Service）、文件传送协议（FTP）、消息队列（MQ）等技术，根据权限对外提供数据服务接口。海洋信息处理方法包括数据获取、数据传输、数据预处理、数据库设计、数据挖掘、数据可视化、数据服务等技术。

1. 数据获取

随着“空、天、地、海”海洋立体观测网的建立，形成了多种多样的海洋观测方式。海洋观测方式主要包括天基观测、空基观测、岸基观测、水面观测和海基观测等。数据获取方式包括文件传输、上位机与下位机直接通信等多种方式。其中上位机与下位机直接通信方式是利用观测仪器和观测平台提供的数据通信接口，上位机进行数据采集后，利用通信协议对数据进行解析的过程。由于海洋观测仪器和观测平台的复杂性，接口方式多种多样，主要包括 RS-232、RS-485、USB、Ethernet（以太网）、GPIB（通用接口总线）等，有些观测仪器输出的是模拟量，需要增加采集卡，实现与上位机的通信。由于缺乏统一的数据格式规范，各观测仪器和观测平台的通信协议更加复杂，设备生产商根据自己设计需求，自定义了不同的通信协议，为海洋观测数据的获取带来了一定的难度。

2. 数据传输

数据传输是将数据采集系统获得的观测数据，通过一定的方式，传输至岸边数据中心的过程。由于海洋信息观测范围的立体化，造成海洋信息处理系统观测数据传输方式多种多样，主要包括海底光缆、数据多跳、无线电、CDMA、GPRS、无人机、船舶拖曳和卫星等方式。海底光缆传输稳定，传输数据量大，通过水下接驳盒与应用系统相连实现数据的传输，但是部署成本较高，不适合进行大规模部署；数据多跳传输方式结合无线传感器网络的特点，通过传感器之间的路由算法，采用多跳方法实现低成本数据传输，适合在近岸或海岛附近使用；无线电、CDMA 和 GPRS 传输方式通信成本较低，但是传输数据量小，传输范围有限，稳定性较差；无人机通信方式是指采用无人机按照规定的路由路线，每间隔一定的时间对海洋上的观测仪器进行数据采集，成本低，速度快，但是只能获取海面遥感数据；船舶拖曳传输方式是把观测仪器与船舶相连，跟随船舶在指定海域获取海洋观测信息，该方式成本较高，目前有学者开始研究利用移动群智感知技术，采用志愿船对海洋信息进行获取，一定程度上可以降低船舶拖曳式数据采集的成本；卫星传输方式主要包括海事卫星和北斗卫星导航系统，适用于大尺度海域数据通信，采用海事卫星通信稳定性较高，传输数据量较大，但是价格高昂，且安全性低，目前，我国自主研制的北斗卫星导航系统支持短报文功能，且价格适中，安全性高，在我国海洋观测领域应用得越来越广泛，但是在稳定性和数据传输量方面还存在一定的局限性。

3. 数据预处理

海洋观测数据具有海量性、多类性、模糊性、时空性及动态变化频繁等特性，因此获取海洋观测数据后，有必要对海洋观测数据进行数据预处理，包括数据清洗、数据转换和数据选择等过程，以保证数据的完整性、正确性、数据格式的一致性，提高数据的有效性、可理解性，确保数据质量。

数据清洗：利用现有数据分析手段，分析“脏数据”产生的原因，将“脏数据”转换为满足使用需求的数据，提高数据集的数据质量。具体的数据清洗方法包括数据填补、数据修正、消除噪声等。采用统计学方法检测海洋观测数据的合理性，对异常或遗漏的数据采用均值、中位数、众数进行数据填充。对数据格式异常的数据，按照标准的数据格式进行拆分或合并。对重复的海洋观测数据及时发现并消除。通过数据清洗，保证数据的完整性、唯一性、合法性和一致性。

数据转换：不同海洋观测平台和海洋观测仪器获取的海洋观测数据格式多种多样，为了便于数据存储和后期数据处理，需要对获取的海洋观测数据，按照指定的数据格式进行数据转换，进行规范化操作，确保数据集的完整性。不同异构系统之间的数据格式转换是系统数据模型之间的转换，两个系统能否进行数据转换及转换效果如何，从根本上取决于两个模型之间的关系。目前，国家标准组织、国际标准化组织（ISO）和 IEEE，相继发布了海洋数据标准格式。

数据选择：海洋数据集包含的信息量极大，参数种类繁多，产生大量数据冗余。采用数据分析技术手段，将不能够刻画系统关键特征的属性剔除，从而得到精炼的、能充分描述海洋环境的属性集合。数据选择一般采用数据降维、归纳、聚类、数据离散化等方法。

4. 数据库设计

海洋观测数据从地理信息角度分为地理空间数据和非空间数据，从结构化角度又分为关系型数据和非关系型数据。对于结构化数据一般采用常规的关系型数据库，如 MySQL、Oracle、Microsoft SQL Server 等。非关系型数据库包括 MongoDB，Redis、CouchDB 等。数据库设计也是海洋信息处理的关键过程，涉及地理空间对象的点、线、面、体等多方面的逻辑关系。同时对数据库的稳定性和安全性有较高的要求，确保数据不被丢失和泄露。

5. 数据挖掘

海洋数据具有海量性、多类性、模糊性等特性。目前，海洋数据的存储、分析和处理能力滞后于海洋观测技术的发展。“大数据，小知识”的矛盾严重影响着海洋数据应用的时效性和准确性，限制了海洋数据最大应用价值的挖掘。随着大数据、机器学习、深度学习等方法的应用，海洋数据挖掘技术也在不断发展。常用的海洋数据挖掘技术包括回归预测、统计分析、聚类、关联规则挖掘等。

回归预测：回归预测是运用一定的数学模型，以一个或几个自变量为依据，来预测因变量发展变化趋势和水平的方法。根据相关关系中自变量的个数不同，回归预测方法可分为一元回归分析预测法和多元回归分析预测法。在一元回归分析预测法中，自变量只有一个，而在多元回归分析预测法中，自变量有两个或两个以上。根据自变量和因变量之间的相关关系不同，回归预测方法可分为线性回归预测和非线性回归预测。常用的回归预测方法包括直线拟合、曲线拟合、多项式回归等。

统计分析：统计分析是指有关收集、整理、分析和解释统计数据，并对其反映的问题得出一定结论的方法。海洋要素随着时间的变化而变化，一段时间内的海洋要素变化的集合称为总体，通过海洋观测平台和海洋观测仪器获得的实测数据是总体的一个样本，为了研究实测数据所包含的规律，需要统计样本的数字特征。常用的统计分析方法包括：描述统计、假设检验、信度分析、列联表分析、相关分析、方差分析、回归分析、聚类分析、判别分析、主成分分析、因子分析、时间序列分析、生存分析、典型相关分析等。海洋观测数据具有位置特征、离散特征和相关性特征。

聚类：将物理对象或抽象对象的集合分成由类似的对象组成的多个类的过程被称为聚类。常用的聚类方法包括：K-Means 聚类算法、均值偏移聚类算法、模糊聚类法、图论聚类法、聚类预报法等。海洋信息处理过程包括针对异常海域地区发现的聚类、针对不同海域不同海区的水文气象要素聚类、基于不同类型的数据聚类，并研究各数据对聚类结果的影响。

关联规则挖掘：从数据库中发现频繁出现的多个相关联数据项的过程称为关联规则挖掘。采用关联规则挖掘方法可以发现海洋环境中多种不易被发现的关联关系，是海洋信息处理的重要技术和手段之一。主要包括海洋各要素之间的关联规则挖掘、海洋时空关联规则挖掘、海洋数据与相关支撑信息之间的关联规则挖掘等。

6. 数据可视化

海洋大数据分析的主要挑战是数据的复杂性和海洋动态过程的内在复杂性。交互式可视化分析可作为一种有效的补充手段来发现数据中蕴含的各种现象或模式，并对研究人员日常工作涉及的多个变量进行关联规则挖掘和比较。

海洋数据可视化根据架构分为 C/S 架构和 B/S 架构。多元海洋时空数据可视化分析是围绕一个或多个海洋标量（温度、盐度等）和矢量（流场、风场等）的变化特征展开的，通常利用曲线、剖面、等值面、轮廓面、矢量箭头、玫瑰图、参数关联、数据列表、GIS 和三维可视化等方法，对海洋时空数据进行可视化处理。采用的技术主要包括：虚拟现实技术、GPS、GIS、遥感技术、WEB-GIS 等技术。

7. 数据服务

由于海洋信息系统观测海域范围广，数据量大，且数据源格式、类型和接入方式异常复杂，因此数据集成困难。通过标准化统一数据服务接口，进行数据的发布和共享，实现异构海洋信息系统的快速集成。海洋信息系统主要通过 Web Service、MQ、国际企业网络与服务会议（ENTNET）和 FTP 接口对外提供标准化的数据服务。目前，海洋信息系统的数据服务主要以开放式地理信息系统协会（OGC）制定的传感器网络整合框架（OGC-SWE）为基础。OGC-SWE 通过对信息模型、数据格式、语言格式、访问模型和标准服务接口进行标准化规范，实现了对异构观测系统的数据集成。OGC-SWE 包括信息模型规范和服务规范，其中信息模型规范内容包括：传感器建模语言（Sensor Model Language，SensorML）、观测与测量（Observation & Measurement，O&M）和转换器置标语言（Transducer Markup Language，TML）；服务规范内容包括：传感器观测服务（Sensor Observation Service，SOS）、传感器规划服务（Sensor Planning Service，SPS）、传感器告警服务（Sensor Alert Service，SAS）和网络通知服务（Web Notification Service，WNS）。通过 OGC-SWE 可以实现对不同观测系统和海洋物联网中观测数据的集成。此外还包括 IEEE 2402—2017、ISO21851—2020 等标准可供参考。

3.6.3 典型应用

根据行业需求的不同，多种信息处理系统开始被广泛应用。典型的应用系统包括海洋能资源信息服务系统、海上试验场数据集成系统、海洋信息观测系统、海洋牧场综合管理系统等。

1. 海洋能资源信息服务系统

在收集整理我国近海海洋综合调查与评价专项和海洋可再生资金项目等历史海洋能资源调查资料及研究成果的基础上，基于 GIS 技术，设计开发的具备信息管理、查询、展示、发布等功能的海洋能资源信息服务系统，完成海洋能资源分布、产业发展布局一张图，提供更加便捷的海洋能资源分布数据获取渠道，提供服务国家战略的产品，开辟众创空间，服务于国家“双创”战略，为各级海洋管理部门决策及企事业单位开展海洋能资源开发利用提供信息技术服务。该系统主要功能包括云平台、专网版、公众版、移动端，这些共同组成了海洋能资源信息服务平台，支持公共交互和内部专网信息发布，支持海洋能资源相关信息及文档的录入，支持新观测数据、新工程及试验场信息、数据的添加，具备管理、查询、展示、发布等功能同时预留海洋能资源观测系统的接入口。

2. 海上试验场数据集成系统

海上试验场数据集成系统的主要功能是将我国沿海海上试验场的观测数据进行系统集成，对观测数据进行可视化展示。主要功能包括：系统简介、平台简介、地图导航、实时数据、数据比对、运行记录和用户管理等，用户可通过一个系统，实现对我国沿海多个海上试验场数据的查询和分析。

3. 海洋信息观测系统

海洋信息观测系统对潮位监测站、气象监测站、水动力监测站获取的观测数据进行可视化展示和分析，为海洋水动力变化、海底侵蚀淤积的原因分析与预测提供数据支持，并对风暴潮、海啸、低温、海浪等灾害信息的预警预报提供基础数据支撑。实现的功能包括 GIS 地图、数据列表、监测站位状态、二维曲线等。

4. 海洋牧场综合管理系统

海洋牧场综合管理系统集成利用传感技术、通信技术、自动控制技术、图形图像识别技术、物联网技术、大数据技术和生物技术，实现对鱼苗繁育中心、育苗驯化车间等海洋牧场的全方位监控，构建精准化、智能化的水产养殖体系。通过搭建数据平台，采用窄带物联网（NB-IoT）、微波和卫星等通信方式，实现水质、气象参数和鱼类行为的自动化观测，经过数据清洗、数据分析、数据存储和数据服务，实现养殖过程通过 GIS、三维可视化和视频等方式进行实时动态显示和预警，实现温度及溶解氧的自动调控、无线自动投喂、鱼病远程诊断、产品质量可追溯、农业信息系统（AIS）安全预警及对试验示范成果进行展示，形成养殖环境可控、生产过程可控、运营管理可视、产品质量可信、数据服务可靠、生产运行节能、工艺流程环保、生产能力高效的全过程数字化精准养殖，提升水产养殖产业的科技实力，对养护水下生物资源、恢复水域生态环境、有效配置渔业资源、优化渔业产业布局等具有重要作用，从而实现陆海统筹、可持续发展的海洋渔业新业态。

习题

1. 简述海洋遥感的发展过程。
2. 海洋遥感的主要研究内容有哪些？
3. 海洋工程材料主要包括哪些？
4. 简述水声通信的基本工作原理。
5. 简述水下光通信的基本工作原理。
6. 目前常用的控制方法有哪些，请简述各种控制方法的基本原理。
7. 为什么 PID 控制技术仍然在各种控制环境中广泛应用，其有什么优点？
8. 海水盐度检测方法有哪些？
9. 简述海水电导率检测原理。

参考文献

[1] O'REILLY J E，MARITORENA S，SIEGEL D A. Ocean Color Chlorophyll Algorithms for SeaWiFS [J]. version 4. Nasa Tech Memo，2000：8-22.

[2] 刘玉光. 卫星海洋学[M]. 北京：高等教育出版社，2009.

[3] 潘德炉，毛志华. 海洋水色遥感机理及反演[M]. 北京：海洋出版社. 2012.

[4] BREWIN R J W，DALL'OLMO G，PARDO S，et al. Underway Spectrophotometry along the Atlantic Meridional Transect Reveals High Performance in Satellite Chlorophyll Retrievals[J]. Remote Sensing of Environment，2016，183：82-97.

[5] MOBLEY C D. Estimation of the Remote-Sensing Reflectance from Above-Surface Measurements[J]. Applied Optics，1999，38：7442-7455.

[6] WEI J W，LEE Z P，SHANG S L. A System to Measure the Data Quality of Spectral Remote Sensing Reflectance of Aquatic Environments[J]. Journal of Geophysical Research：Oceans 2016，121：8189-8207.

[7] LORENZEN C J. Determination of Chlorophyll and Pheo-Pigments：Spectrophotometric Equations[J]. Limnology & Oceanography 1967，12：343-346.

[8] MUELLER J L，MOREL A，FROUIN R，et al. Ocean Optics Protocols for Satellite Ocean Color Sensor Validation[Z]. Revision 4，Volume III，Radiometric Measurements and Data Analysis Protocols，2003.

[9] 唐军武，陈清莲，谭世祥，等. 海洋光谱测量与数据分析处理方法[J]. 海洋通报，1998，17：71-79.

[10] MOREL A，L P RIEUR. Analysis of Variations in Ocean Color[J]. Limnology and Oceanography，1977，22：709-721.
[11] 唐军武，田国良. 水色光谱分析与多成分反演算法[J]. 遥感学报，1997，1：252-256.
[12] 唐军武，田国良，汪小勇，等. 水体光谱测量与分析 I：水面以上测量法[J]. 遥感学报，2004，8：37-44.
[13] 王昕. 海洋材料工程[M]. 北京：科学出版社，2011.
[14] 尹衍升，黄翔，董丽华. 海洋工程材料学[M]. 北京：科学出版社，2008.
[15] 李鹤林. 海洋石油装备与材料[M]. 北京：化学工业出版社，2016.
[16] 周廉. 中国海洋工程材料发展战略咨询报告[M]. 北京：化学工业出版社，2014.
[17] 沈晓冬，李宗津. 海洋工程水泥与混凝土材料[M]. 北京：化学工业出版社，2016.
[18] 上海钢铁研究所. 国外海洋用金属材料（腐蚀机理与试验方法）[M]. 上海：上海科学技术情报所，1975.
[19] 国家自然科学基金委员会工程与材料科学部. 水利科学与海洋工程学科发展战略研究报告[M]. 北京：科学出版社，2011.
[20] 姜锡瑞. 船舶与海洋工程材料[M]. 哈尔滨：哈尔滨工程大学出版社，2000.
[21] JALVING B. The NDRE-AUV Flight Control System[J]. IEEE Journal of Oceanic Engineering，1994，19（4）：497-501.
[22] KIM M，JOE H，PYO J，et al. Variable-Structure PID Controller with Anti-Windup for Autonomous Underwater Vehicle[C]. Oceans. IEEE，2013：1-5.
[23] 周焕银，李一平，刘开周，等. 基于 AUV 垂直面运动控制的状态增减多模型切换[J]. 哈尔滨工程大学学报，2017，38（08）：1309-1315.
[24] 刘芙蓉. 基于 CMAC-PID 并行控制的 AUV 运动控制研究[J]. 数字技术与应用，2015，（10）：1-2.
[25] 王芳，万磊，李晔，等. 欠驱动 AUV 的运动控制技术综述[J]. 中国造船，2010，51（02）：227-241.
[26] 张用. 遗传算法 PID 控制在 AUV 运动控制中的应用[D]. 哈尔滨：哈尔滨工程大学，2009.
[27] CAMPOS E，TORRES J，MONDIÉ S，et al. Depth Control Using Artifitial Vision with Time-Delay of an AUV[C]，International Conference on Electrical Engineering，Computing Science and Automatic Control. IEEE，2012：1-6.
[28] HU B，TIAN H，QIAN J，et al. A Fuzzy-PID Method to Improve the Depth Control of AUV[C]. IEEE International Conference on Mechatronics and Automation. IEEE，2013：1528-1533.
[29] ZHANG G，DU C，HUANG H，et al. Nonlinear Depth Control in Under-Actuated AUV[C]. IEEE International Conference on Mechatronics and Automation. IEEE，2016：2482-2486.
[30] MEDVEDEV A V，KOSTENKO V V，TOLSTONOGOV A Y. Depth Control Methods of Variable Buoyancy AUV[C]. Underwater Technology. IEEE，2017.
[31] GAO D X，CHENG J，YANG Q. Depth Control for Underactuated AUV in Vertical Plane Using Optimal Internal Model Controller[C]. Chinese Control and Decision Conference. 2016：5292-5296.

[32] KHODAYARI M H，BALOCHIAN S. Modeling and Control of Autonomous Underwater Vehicle (AUV) in Heading and Depth Attitude Via Self-Adaptive Fuzzy PID Controller[J]. Journal of Marine Science & Technology，2015，20（3）：559-578.

[33] VAHID S，JAVANMARD K. Modeling and Control of Autonomous Underwater Vehicle (AUV) in Heading and Depth Attitude Via PPD Controller with State Feedback[C]. The Marine Industries Conference，2016.

[34] 王雨，郑荣，武建国. 基于浮力调节系统的 AUV 深度控制研究[J]. 自动化与仪表，2015，30（04）：6-10，15.

[35] 武建国，徐会希，刘健，等. 深海 AUV 下潜过程浮力变化研究[J]. 机器人，2014，36（04）：455-460.

[36] 高占科，吴爱娜，吴德星. 海洋仪器设备实验室检测方法[M]. 青岛：中国海洋大学出版社，2011.

[37] 李博，成方林，叶颖，等. 海洋动力环境观测设备综合测试平台技术研究[J]. 海洋开发与管理，2016（1）：68-72.

[38] 吴立新，陈朝晖，林霄沛，等."透明海洋"立体观测网构建[J]. 科学通报，2020，65（25）：2654-2661.

[39] 马毅. 我国海洋观测预报系统概述[J]. 海洋预报，2008，25（1）：31-40.

[40] National Ocean Technology Center. Design Criteria of Complex Virtual Instruments for Ocean Observation[S]. IEEE Standards Association，2017.

[41] JIANG Y，DOU J，GUO Z，et al. Research of Marine Sensor Web Based on SOA and EDA[J]. Journal of Ocean University of China，2015，14（2）：261.

第4章 海洋仪器基础

4.1 海洋仪器的分类

海洋仪器种类繁多，形式多样，分类标准也不尽统一，通常有以下几种分类方式。

从产业角度来看，按照第一次全国海洋经济调查海洋及相关产业调查海洋仪器分为两类：一类是海洋产业仪器，包括海洋渔业专用仪器、海洋矿产勘探专用仪器、海洋化工实验分析仪器、海洋制药实验分析仪器、海洋环境监测专用仪器；另一类是海洋服务专用仪器，包括海洋水文专用仪器、海洋气象专用仪器、海洋化学专用仪器、海洋地球物理专用仪器、海洋地质专用仪器、海洋航海专用仪器、海洋浮标、海洋潜标。

按结构原理的不同，海洋仪器可分为声学仪器、光学仪器、电子仪器、机械仪器及遥感仪器等。

按运载工具的不同，海洋仪器可分为船用仪器、潜水器仪器、浮标仪器、岸站仪器和飞机仪器、卫星仪器。其中船用仪器品种最多。

按操作方式的不同，海洋仪器可分为投弃式、自返式、悬挂式和拖曳式。投弃式海洋仪器是指将仪器从调查船或低空飞行的飞机投入到海中，传感器与仪器间的运算、记录部分用导线相连，或者通过无线电波，将测得的数据传回船或飞机，这类海洋仪器要求传感器简单、价廉，用后不再回收。自返式海洋仪器是指从船（或飞机）上将仪器投入到海中，仪器到达预定深度或触及海底时开始测量，完成测量任务或采样后，释放装置动作，卸掉压载的重物，仪器借助自身的浮力返回海面，或者在浮至海面时通过微波通道向船（或飞机）上的记录装置传递测量数据（或通过船将仪器回收，数据记录在仪器内部的存储器上）。悬挂式海洋仪器是指利用船上的绞车吊杆从船舷旁把仪器送入海，在船只锚定或漂流的情况下进行观测。拖曳式海洋仪器是指工作时将仪器从船尾放入海，拖曳在船后进行走航测量。

海洋仪器对使用者来说，通常按所测要素分类。例如：测温仪器、测盐仪器、测波仪器、测流仪器、营养盐分析仪器、重力和磁力仪器、底质探测仪器、浮游生物与底栖生物采样仪器，等等。将它们归纳起来可以划分为四大类：海洋物理性质观测仪器、海洋化学性质观测仪器、海洋生物观测仪器、海洋地质及地球物理观测仪器。

按海洋仪器用途的不同，HY/T 042—2015《海洋仪器设备分类、代码与型号命名》将海洋仪器分为海洋水文仪器设备、海洋物理仪器设备、海洋化学仪器设备、海洋地质地球物理仪器设备、海洋生物仪器设备、海洋气象仪器设备、海洋综合观测系统（含浮标）、海洋观测通用器具（含采样设备）、海水（苦咸水）处理设备、其他海洋仪器设备。本书依据该标准对海洋仪器分类介绍。

4.2　海洋仪器的工作条件和要求

海洋学的研究离不开大量实测的海洋观测数据，各种性能优异的海洋仪器是海洋调查的基础。海洋仪器的特点是生产批量小、使用寿命短，但对稳定性、可靠性和一致性，以及测量的分辨率和精度等要求特别高，需要在不断应用中改进制造工艺和提高技术性能。因此只有深入了解海洋仪器的工作条件和海洋环境的特点，才能研制出质量可靠、性能优良的海洋仪器设备。

4.2.1　海洋仪器工作的温度和湿度

1. 温度

海洋环境温度的变化会使仪器的工作特性受到一定的影响，因此研制海洋仪器时必须考虑环境温度变化对仪器的影响。海洋环境温度变化对海洋仪器的影响主要表现在以下几方面。一是影响海洋仪器的绝缘性。海洋仪器的工作条件恶化，使它的绝缘性能降低，各种测量系统中的电阻的阻值及电容的电容量发生变化，影响或破坏系统的工作特性。二是温度变化引起海洋仪器弹性敏感元件的弹性和机械强度变化，同时由于仪器零件是由各种不同种类的材料制成的，遇冷后材料的形变亦不同，因此海洋仪器的配合尺寸和行程等性能发生改变。产品的外表涂漆层和经过电镀处理的零件，可能产生镀层剥落或起泡等现象，导致零件抗腐蚀性能下降。三是温度较低会使仪器充油部件上的润滑油的黏度增大，严重时还可能发生凝结，使活动部件间的摩擦力增大，从而造成海洋仪器动作滞缓，甚至停止工作。上述这些变化是海洋仪器出现误差可能的原因。

2. 湿度

空气的湿度是指在一定温度下，单位体积空气中水蒸气的含量。随着气候和其他环境因素的变化，空气中的含水量也在不断变化。当空气中的含水量较高时，即湿度较大时，或者环境温度下降及安装仪器容器的温度低于环境温度时，就会使吸湿性或不吸湿性的绝缘零件表面吸附水分子，各电接触元件的绝缘性能显著下降，发生漏电或击穿现象，影响仪器正常工作。当潮气凝集在金属零件表面时，零件的抗腐蚀性能会降低。非金属材料受潮后会膨胀，引起零件尺寸的变化；各种电路接线受潮后，其抗电强度降低，导线间的杂散电容量增大，导线的绝缘电阻减小。因为我国大部分海区属于气候潮湿、气温较高的湿热带或亚湿热带地区，所以一般规定温度在（40±2）℃时，相对湿度为95%±3%。

根据JB/T 9464—1999《仪器仪表海洋环境条件》，海洋气候环境条件等级如表4.1所示。

表 4.1 海洋气候环境条件等级

环境参数		单位	严酷等级			
			K1	K2	K3	K4
气压	高压	Pa	101 500	102 000	102 500	103 000
	低压		101 000	100 500	100 000	99 000
气温	高温	℃			35	40
	低温		0	-10	-20	-25
温度变化率		℃/min		0.1	1.0	3.0
高相对湿度			85%（25℃）	90%（25℃）	90%（30℃）	95%（35℃）
低相对湿度			25%（5℃）	20%（15℃）	15%（-10℃）	10%（-5℃）
最大风速		m/s	30	35	40	50
降水强度		mm/min			6	15
太阳辐照度		W/m^2			1000	1120

一般选择海洋仪器的环境温度为-30～+60℃较为适宜。-30℃是考虑冬季仪器在船甲板上的温度及北方沿海城市极冷条件下的工作温度。+60℃可作为一般情况下我国海区的室外工作环境温度。但在具体海洋仪器的研制过程中，我们还应从实际出发，分析实际工作情况，才能达到合理使用海洋仪器并进行准确测量的目的。对于在热带使用的仪器应重点考虑温度的上限能否满足要求，而对于在北方或极地海域使用的仪器应重点考虑温度的下限。例如，在赤道附近的海域进行调查时，甲板上的温能达到+64℃，一般极地的温度为-70～-65℃。在一些特殊的场合还必须有一些特殊的要求和规定。

4.2.2 海洋环境腐蚀

海洋仪器主要是由金属材料和非金属材料制成的，在使用过程中必然会受到海洋环境腐蚀的影响。金属零部件表面被腐蚀会造成零部件机械性能的降低。例如，在海洋仪器与设备中采用不同金属材料的结构时，因为两种金属的标准电极电位不一样，在海水中会形成原电池，使仪器零部件的腐蚀速度加快，这直接影响仪器的使用寿命和使用安全。同时腐蚀可以使仪器零部件表面失去光泽渐渐变得黯淡无光，并出现斑点，影响产品外表的美观。对于有接触点的电子仪器，腐蚀可能会引起接触点间接触不良从而产生跳弧积炭现象。某些仪器有敏感元件，腐蚀严重的也可能使仪器刻度特性改变从而引起测量误差。

材料的海洋环境腐蚀取决于材料的性质和海洋环境，在垂直方向上，从腐蚀的角度可将海洋环境分为五个不同区带：海洋大气区、浪花飞溅区、海洋潮差区、海水全浸区和海底泥土区。

1. 海洋大气区腐蚀特点

海洋大气区一般是指高出海平面 2m 以上波浪打不到，潮水也无法淹没的地方。海洋大气区富含多种盐，盐对金属有较强腐蚀性。金属材料的大气腐蚀是以电化学机理进行的。金属曝露在大气环境中，会从大气环境中吸收水分，并在金属表面形成一层薄的电解液膜。这层电解液膜的存在使得金属表面发生电化学反应。金属表面吸水量与海洋大气的相对湿度有关。当相对湿度为 75%时，金属表面吸附的水分子层数约为 5 层。一般来说，水膜的层数大于 5 层就可进行电化学腐蚀。大气污染性气体及大气悬浮粒子会沉降在金属表面的薄电解液层中，影响和参与材料的大气腐蚀过程。

2. 浪花飞溅区腐蚀特点

浪花飞溅区一般指高出海平面 0～2m、常常会受到海水波浪飞沫冲击的地区。在浪花飞溅区，材料长期处于干湿交替的环境，氧气的供给十分充足，氧气的去极化作用促进了金属材料的腐蚀，同时，浪花的冲击有力地破坏了材料的保护膜，因此浪花飞溅区是腐蚀最严重的地区。碳钢的平均腐蚀速度可达 500μm/年，约为海水全浸区的 5 倍。

3. 海洋潮差区腐蚀特点

海洋潮差区即在涨潮时浸在水中，在落潮时在水面上的地区。从理论上说，海平面由于氧气供应不均匀，在水面上下形成了氧气浓度差，从而水面上下形成大型的氧浓差电池。空气中氧气供应最充分的部分为阴极，腐蚀速率较小；恰好浸在海水线下的部分为阳极，腐蚀极其严重。因海浪和风的冲击，干湿边界瞬间变化，总的来说，从海平面到海平面下大约 1m 的地方是腐蚀比较严重的地区。

4. 海水全浸区腐蚀特点

在海水全浸区，由于腐蚀与氧含量密切相关，因此腐蚀速率随深度增加有所减缓。然而，该区域覆盖范围较广，随着深度的增加，海水压力、pH、盐度、海洋生物和氧含量会发生明显变化，平均腐蚀速率降低，电偶腐蚀、缝隙腐蚀和点蚀等局部腐蚀加剧。另外，该区域腐蚀存在多因素交互作用的特点，氢致开裂、应力腐蚀和腐蚀疲劳规律与机理都会发生显著变化。材料在海水全浸区发生环境敏感断裂的倾向更为严重。

5. 海底泥土区腐蚀特点

海底泥土区由于氧气浓度较低，材料腐蚀速率通常较低。但是，在有腐蚀微生物存在的条件下，微生物代谢活动会加速材料的腐蚀，改变腐蚀机制。

4.2.3　海洋仪器工作状态的变化

随着现代海洋技术的发展，要求海洋仪器能在船上、拖曳运载装置、浮标、潜标、深潜器和滑翔机等装备上使用，因此海洋仪器是在各种动态条件下工作的。工作状态变化，往往伴随着振动和冲击，也就是很大的加速度和过负载。仪器工作状态的变化对海洋仪器的影响是多方面的，主要方面如下。

（1）在振动和冲击过程中，由于力的作用可能使两个结合零件松动、脱落、甚至破损，同时使滑动或转动零件间产生摩擦、增大阻力。在经常振动的条件下仪器会逐渐磨损，引起测量误差，若仪器局部或整体发生共振，则其结构会被破坏。

（2）振动和冲击会造成元器件失灵、导线连接部分脱落、插头插销连接松动等故障，容易造成短路或断路。

（3）振动使记录器的笔摆动，当振幅较小时，记录曲线会变粗；当振幅较大时，将产生很大的失真。同时振动会导致仪器指针振动或仪器移动，从而使观察者观察困难，读数不准。

（4）在振动的条件下，仪器零点可能会移动，带接触点的测量机构可能会发生断通现象，从而使仪器的工作可靠性降低。

GB/T 14092.4—2009《机械产品环境条件 海洋》规定了机械产品在渤海、黄海、东海、南海四大海域的海洋自然环境参数及其严酷等级，适用于海上固定式和移动式设施的机械产品在制定海上露天用和水下用产品的环境条件标准时，选定环境参数和严酷等级。因此，在选定海洋仪器环境标准时，可参考使用。机械产品海洋振动和冲击条件如表 4.2 所示。

表 4.2 机械产品海洋振动和冲击条件

环境参数		物理参数	单位	等级			
				M1	M2	M3	M4
稳态振动（正弦）		位移	mm		1.5	1.5	1.5
		加速度	m/s^2		10①	20②	50
		频率范围	Hz		2～13 10～100	2～18 18～200	2～28 28～200
非稳态振动（含冲击）③	第Ⅰ类冲击谱	加速度	m/s^2	50	100④	100④	100
	第Ⅱ类冲击谱	加速度	m/s^2	100	300	300	300
	第Ⅲ类冲击谱	加速度	m/s^2	—	—	500	500
角运动⑤倾斜	绕 X 轴回转	角度	°	15	15⑥	15⑥	15⑥
	绕 Y 轴回转	角度	°	10	10⑦	10⑦	10⑦
角运动⑤摇摆	绕 X 轴回转	角度	°	22.5	22.5⑧	22.5⑧	22.5⑧
		频率	Hz	0.14	0.14	0.14	0.14
	绕 Y 轴回转	角度	°	10	10⑨	10⑨	10⑨
		频率	Hz	0.2	0.2	0.2	0.2
	绕 Z 轴回转	角度	°	4	4	4	4
		频率	Hz	0.5	0.5	0.5	0.5
恒加速度	X 轴	加速度	m/s^2	5	5	5	5
	Y 轴	加速度	m/s^2	6	6	6	6
	Z 轴	加速度	m/s^2	10	10⑩	10⑩	10⑩

注：① 在特定情况下，此严酷度等级可减至 2～13.2Hz，1mm；13.2～80Hz，$7m/s^2$。

② 在特定情况下，此严酷等级可按 M2 执行。

③ 冲击谱的概念在 GB/T 2423.57—2008 中有详细说明。

④ 在特定情况下，此严酷度等级可减至 $50m/s^2$。

⑤ 相对船体的三个正交坐标轴如下。

X 轴：沿船的艏艉方向。

Y 轴：沿船的横向。

Z 轴：沿船的垂向。

⑥ 对应急设备应考虑 22.5°；对单体电池结构应能防止其从正常位置倾斜 40° 而引起的电解液外溢。

⑦ 船长大于 150m 的船舶上的设备（应急设备除外）严酷度等级可减至 5°。当船舶的船长/宽度≤3 时（如海洋平台），绕 Y 轴的倾斜角度与绕 X 轴的倾斜角度相同。

⑧ 应急设备及小型船舶上的设备，其横摇极限值可达 45°。

⑨ 船长大于 150m 的船舶上的设备，严酷度等级可减至 5°。应急设备其纵摇极限值可达 22.5°。

⑩ 船长大于 150m 的船舶上的设备可减至 $6m/s^2$。

4.2.4 海洋仪器生物附着

对于长期部署在海水中的各类仪器来说，生物附着是一个严重的问题，它会缩短仪器的使用寿命，增加人工维护的频率和成本，并导致观测信号的漂移和数据误差。生物附着物的类型可以分为微型生物附着物和大型生物附着物。其中，微型生物附着物的存在形式是生物薄膜，它的组成是细菌膜、矽藻等。微型生物附着物从构件一入水就开始发展，通常在 1 周内完成。生物薄膜一般是生物附着在深海区域的存在形式，通常不是一个需要特别重视的问题，但其对于海洋观测领域的某些传感器的影响是不容忽视的，如基于光学原理的传感器、水下摄像头等。大型生物附着一般是紧接着微型生物附着发生的，但这个顺序有时可能颠倒或同时发生。大型生物附着物的影响必须重视，否则可能导致海洋观测设备完全无法运行。从技术应用的角度出发，防生物附着技术可分为被动式和主动式。

1. 被动式

（1）金属基涂层。采用金属基涂层实现防生物附着的原理通常是利用其生物毒性。锡基涂料（TBT）曾经是一种被广泛使用的防生物附着涂层，在使用功效上受到一致肯定。然而因其对海洋生物破坏力极大，现在已被明令禁止。

铜基涂层的毒性比 TBT 小很多，铜基涂层产生防生物附着效果的成分是二价铜离子。通常使用的是丙烯酸铜。丙烯酸铜涂层的有效期一般为 3～5 年。铜基涂料的使用虽然会对环境造成一定影响，但是这种影响在现阶段是可接受的。

锌基涂层也能杀灭孢子及幼虫，其中硫氧吡啶锌的浓度达到 0.3μg/L 即可杀灭玻璃海鞘，浓度达到 0.17μg/L 可杀灭海胆。

（2）低表面能涂层。不同于金属基涂层，低表面能涂层不是利用生物毒性达到防生物附着的效果，而是通过降低基底表面能来提高生物吸附的难度。

低表面能涂层材料种类不少，一般以含氟聚合物和硅基聚合物为主，现阶段在海洋观测设备上的实证案例不多，很多只停留在研究阶段。这主要有两方面原因：一方面是传感器探头、摄像机镜头等需要加以重点保护的部位要求涂层是透明的且不能对传感器敏感元件的探测造成阻碍；另一方面是低表面能涂层的防附着效果受到环境流速的限制。

铜板与铜网防生物附着的原理同样是利用二价铜离子对所附着的生物有杀灭作用，但应用方式不同。

2. 主动式

（1）物理去污。物理去污方式主要是采用刷子直接刷除被附着表面上的生物附着物，原理简单明了，已被应用于很多商业化产品。图 4.1 所示为带防生物附着电刷的水质多参数传感器，该传感器用电刷刷除传感器探头表面的附着物。这种方式在电刷系统正常、组件配合精密时效果较好，如果刷毛变形、刷头与传感器探头间隙变大，效果就变差了。此外，这种方式对电动机旋转密封的可靠性有较高要求，且较难将其应用于对球面设备的保护。

图 4.1　带防生物附着电刷的水质多参数传感器

（2）间隔浸泡消毒。间隔浸泡消毒方式是通过机电装置周期性地提高被保护物所处容腔内的灭菌剂浓度，达到去除生物附着物的目的。

（3）局部电解氯。局部电解氯方式采用电解海水制氯原理，这种技术在冷却水系统中经常被用到。局部电解氯方式对微型生物膜及大型附着物都有效，因此使用最为广泛。这种防生物附着装置一般以钛为电极，通过电解作用产生灭菌剂，从而杀灭附着物。

（4）紫外线照射。紫外线（波长小于 253.7nm）能杀死大多数循环水系统里的细菌，被广泛应用于医院及食物消毒领域。在海洋探测领域，2014 年 AML 公司推出了基于紫外线原理的防生物附着产品，并在加拿大海洋观测网的 Folger Pinnacle 科学平台上得到应用。

（5）其他主动方式。其他主动防生物附着技术主要有加热方式、超声波方式、震动方式及电场方式等，这些技术理论上可行，但尚无实际应用。

4.3　海洋仪器的误差和准确度

4.3.1　海洋仪器的误差

仪器的误差是仪器质量好坏的重要技术指标之一。一般情况下，我们把仪器的测量误差理解为仪器的示值（测量值）和被测量的真值之间的差值。准确度用于说明仪器示值与被测量的真值相符合的程度。就海洋仪器而言，其误差的来源分为两大类：一是由于仪器本身不够精密造成的测量结果与实际结果之间的偏差，称之为仪器的基本误差；另一类是由于外界条件对仪器造成的不良影响引起的误差，称之为仪器的附加误差。仪器的基本误差又可以进一步分为原理误差、制造误差和运行误差三大类。

1. 原理误差

原理误差是由于理论不完善或采取近似理论产生的。它与制造精度无关，是由设计决定的。仪器采取何种方案，进行何种近似处理，便会产生何种原理误差。例如，激光测长系统的小数有理化、光学系统的畸变误差等，都属于原理误差。

2. 制造误差

由于材料、加工尺寸和相互位置的误差而产生的仪器误差，统称为制造误差。制造误差是不可避免的，但并不是所有的零件误差都会造成仪器误差，起主要作用的是构成测量链的零部件。所以在设计仪器时要注意结构的合理性，要注意基面统一及使测量链尽量短等。

3. 运行误差

运行误差产生于仪器的使用过程，主要分为以下几类。

（1）变形误差。由于载荷、接触变形、自重等原因产生弹性变形引起的误差。减小变形误差的主要办法有以下几种：

① 选择合适的结构以减小变形。

② 在结构安排上，要注意一个零件的变形不要传递到相邻的零件上去，更不要被放大。

③ 选择弹性模量大的材料。

④ 尽量避免材料受弯和扭的作用，因为在同样载荷作用下，材料受拉和压作用时的变形更小。

⑤ 尽量保证测量过程中的测力恒定。

（2）磨损误差。减小磨损误差的主要办法有摩擦副不用同一种材料；降低表面粗糙度；采取跑合、预磨措施等。

（3）温度误差。温度变化不仅会引起仪器自身热变形，还会引起周围介质的折射率变化，后者对于干涉长度测量仪器会引入误差。减小温度误差的主要办法有隔离热源（如将光源移到仪器外边）；建立热平衡条件（如将激光器密闭，有时反而比散热好）；使被测件与标准器材料的线膨胀系数尽量接近；减小干涉仪的闲区误差等。

（4）间隙与空程。间隙靠加工或调整减小，空程多采取弹性力封闭办法消除。

（5）振动误差。减小振动误差的主要办法有设计要采用合理的结构避免共振；仪器要采取隔离措施等。

（6）零点漂移误差。零点漂移误差是由于仪器的机械位移随时间变化或者传输函数漂移而引起的误差。机械位移的变化一般是由于传动放大机构的传动比改变或敏感元件、产生反作用力矩的元件的弹性变化引起的。传输函数的漂移有测温热敏电阻的零点阻值、温度系数随时间的变化、测量线路和电源电压的变化等。此项误差在现代仪器中表现较为突出，且不易克服，应引起重视。一般需要将此项误差限制在该仪器的基本误差范围内，方可交付使用。

4.3.2　海洋仪器的准确度

仪器的准确度是指在规定的使用条件下，仪器测量可能出现的最大基本误差与仪器的量程（最大读数）之比，用 K 表示，即

$$K = \frac{\Delta \mathrm{Ad}}{\mathrm{Ad}} \times 100\%$$

式中，$\Delta\mathrm{Ad}$ 是以绝对误差表示的最大基本误差，Ad 是仪器的量程。

由此可见，仪器的准确度表示该仪器在规定的工作条件下使用时所允许的最大引用误差的数值。

各级仪表的基本误差如表 4.3 所示。

表 4.3 各级仪表的基本误差

	一级标准仪表			二级标准仪表				一般工业用仪表			
准确度等级	0.005	0.02	0.05	0.1	0.2	0.35	0.5	1	1.5	2.5	4
基本误差	±0.005%	±0.02%	±0.05%	±0.1%	±0.2%	±0.35%	±0.5%	±1%	±1.5%	±2.5%	±4%

准确度每一级的数字都用正、负百分数来表示。例如：一台海洋仪器的深度测量系统的准确度是 1.5 级，即 K=±1.5%，其最大测量范围（量程）Hd=200m，则可能出现深度的最大绝对误差为

$$\Delta \mathrm{Hd} = K \cdot \mathrm{Hd} = \pm 1.5\% \times 200\mathrm{m} = \pm 3\mathrm{m}$$

4.4 海洋仪器的灵敏度、分辨力、惯性误差

4.4.1 海洋仪器的灵敏度

在评价和分析某一海洋仪器、方法或装置时，其分辨被测量微小变化的能力有很大的意义。例如，从事理论研究的海洋工作者为了建立数字化模式，以便恰当地描述垂直混合一类的自然过程，不得不去了解小尺度的细微过程。由于现代这方面研究的迅速发展，要求一台海洋仪器既能满足深海调查高精度的要求，又能满足专门研究微结构的高分辨率的要求。海洋仪器这种非常重要的性能可以用灵敏度来表示。海洋仪器的灵敏度是指海洋仪器在稳定状态下输出量的变化与输入量的变化的比值，用 S_n 来表示，如图 4.2 所示。

$$S_{\mathrm{n}} = \frac{\text{输出量的变化}}{\text{输入量的变化}} = \frac{\mathrm{d}y}{\mathrm{d}x}$$

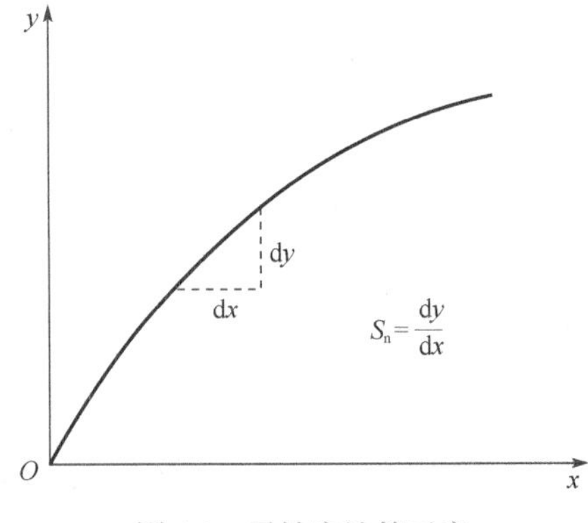

图 4.2 灵敏度计算示意

4.4.2　海洋仪器的分辨力

海洋仪器的分辨力是描述海洋仪器可以感受到的被测量最小变化的能力。若输入量缓慢变化且变化值未超过某一范围时输出量不变化，即此范围内分辨不出输入量的变化，只有当输入量变化超过此范围时输出量才发生变化。一般地，各输入点能分辨的范围不同，人们将用满量程中使输出量阶跃变化的输入量中最大的可分辨范围作为衡量指标，将仪器零点附近的分辨力称为阈值，即

$$\text{分辨力} = \frac{\text{量程}}{\text{分辨率}}$$

4.4.3　海洋仪器的惯性误差

在讨论仪器误差时，假定被测量是不随时间改变的常量。根据被测量的性质，一般把测量分为两类：被测量的值不随时间改变的属于静态测量；更普遍的情况是被测量是时间的函数，这种测量是动态测量。动态测量误差可分为两部分：一部分误差与静态测量的仪器误差性质相同，但在数量上可能有些差别，如摩擦误差在动态测量时可能低一些；另一部分是由测量仪器部件的惯性（机械的、热的等）引起的误差称为惯性误差或动态误差。

许多仪器有较强的阻尼，因此它们不会对输入参数的改变进行快速响应，如热敏电阻需要数秒才能响应温度的阶跃改变。如果具有延迟特性的仪器对温度的快速改变进行响应，输出的波形将会失真，因为其间包含了动态误差。产生动态误差的因素有响应时间、振幅失真和相位失真。

习题

1. 海洋仪器按不同的标准可以有哪些分类？
2. 海洋仪器的工作环境有哪些特殊性？
3. 海洋环境腐蚀包括哪些？
4. 工作状态的变化对海洋仪器的性能有哪些影响？
5. 海洋仪器生物附着处理方式有哪些？具体如何操作。
6. 什么是海洋仪器的误差和准确度，分别如何计算？
7. 什么是海洋仪器的灵敏度、分辨力及惯性误差？

参考文献

[1] 吴正伟，周怀阳，吕枫. 海洋观测仪器防生物附着技术[J]. 海洋工程，2017，35（5）：110-117.

[2] 宋文洋. 海洋仪器基础知识（二）第二章 测量仪器的误差和准确度[J]. 海洋技术，1978，2：90-97.

[3] 宋文洋. 海洋仪器基础知识（三）第三章 灵敏度、惯性误差以及常用的基本术语[J]. 海洋技术，1978，3：82-93.

[4] 宋文洋. 海洋仪器基础知识（四）第四章 海洋仪器的工作条件和要求[J]. 海洋技术，1979，1：57-70.

[5] 赵佩玉. 机电产品的海洋环境条件[J]. 环境条件与试验，1989，6：1-8.

第5章

海洋观测技术与仪器

海洋观测技术是获取海洋或海底特定地区时间序列数据的技术，是透明海洋、智慧海洋和海洋信息化的重要基础，该技术作为海洋学和海洋技术的重要组成部分，在维护海洋权益、开发海洋资源、预警海洋灾害、保护海洋环境、加强国防建设、谋求海洋新的发展空间等方面起着十分重要的作用，是展示一个国家综合国力的重要标志。海洋观测仪器是用于海洋观测的所有仪器的总称，是观察和测量海洋的基本工具，包括采样、测量、观察、分析和数据处理等设备。海洋观测仪器是技术密集、知识密集和资金密集的高技术领域之一，是海洋信息产业的支柱。

海洋观测技术有多种分类方法。按照观测形式不同，海洋观测技术可分为固定式和移动式两种，如传感器挂在浮标上的观测、基于海底原位观测站的观测是定点观测技术；利用AUG携带传感器进行的观测是移动观测技术。按照观测方法不同，海洋观测技术可分为直接观测技术和间接观测技术，通过传感器件，在线获取海洋观测数据为直接观测技术；如果把样品或数据取回实验室后进行分析处理，获得观测结果，称为间接观测技术。按照观测技术种类不同，海洋观测技术可分为海洋水文气象观测技术、海洋生态观测技术、海洋遥感观测技术。

5.1 海洋水文气象观测技术与仪器

海洋水文气象观测技术是指借助机械、电子、能源、材料、光学、声学、信息等多学科及其交叉技术实现对海洋环境进行观测的技术，涉及感知海洋环境的传感器原理、结构、材料、设计、制造及检测等多种技术。随着新材料、新方法、新工艺的发展，海洋水文气象观测技术取得了革命性突破，使得传统的海洋环境观测传感器在性能、功能、测量种类等方面取得了巨大发展，并开发出了各类新型海洋水文气象观测传感器及仪器。

海洋水文气象观测仪器是用于监测各种海上气象参数、天气现象和海洋环境参数的仪器和设备的统称，是获取海洋气象要素和水文要素信息的基本手段。海洋气象要素主要包括风、气压、温度、湿度、能见度、云、降水、日照、辐射等；海洋水文要素主要包括海水温度、海水盐度、海水密度、海流、潮汐、潮流、波浪、海冰等。

5.1.1 温湿度观测技术与仪器

温度、湿度数据的观测是各类空间监测系统的重要组成部分，海洋温度、湿度是海洋水文气象观测的重要因素，与人类海洋生产生活密切相关，也是卫星辐射定标的重要依据。温湿度传感器是用来测量温度和湿度的传感器，电子式温湿度传感器在海洋中的应用非常广泛。

海洋环境观测领域常用的温湿度传感器多以温湿度一体式探头作为测量元件，将温度和湿度信号采集出来，经过稳压滤波、运算放大、非线性校正、*V*/*I*（电压/电流）转换、恒流及反相保护等电路处理后，转换成与温度和湿度呈线性关系的电流信号或电压信号输出，也可以直接通过主控芯片进行接口输出。

电子式温湿度传感器存在低温分辨率低、高湿褪湿慢、测量误差大、响应时间长等问题，其长期曝露在高湿度的环境中，很容易被污染，从而影响其测量精度及长期稳定性。电子式温湿度传感器的关键核心技术为国产核心敏感元件的设计、加工技术。

目前国外的电子式温湿度传感器技术较为先进成熟，国内产品在整体技术性能指标方面与国外产品基本相当，但在核心敏感元件方面仍多依赖进口，与国外产品具有一定差距。比较有代表性的电子式温湿度传感器有中国山仪所、美国 YOUNG 公司、芬兰 VAISALA 公司等制造的产品。国内的温湿度传感器受限于国内核心敏感元件行业的加工、制造工艺水平，高端、高性能产品的核心敏感元件多依赖进口。

（1）山仪所研制的温湿度传感器。该温湿度传感器采用 A 级 Pt100 热电阻和进口高性能湿敏单元，在测量精度、稳定性和响应时间方面在国内同类产品中居于领先地位，具有测量精度高、测量范围宽、稳定性好、防水密封效果好、输出接口灵活、可靠性高等特点，主要用于监测环境气温和相对湿度，已被广泛应用于岸站、舰船、浮标等气象观测领域。山仪所研制的温湿度传感器如图 5.1 所示，其性能指标如表 5.1 所示。

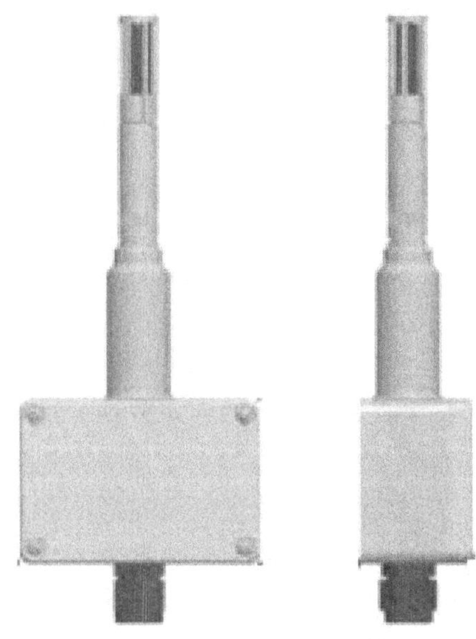

图 5.1　山仪所研制的温湿度传感器

表 5.1　山仪所研制的温湿度传感器的性能指标

项　目	指　标
测量精度	±0.2℃；±3%RH
测量范围	-40～+60℃；0～100%RH
传感器类型	Platinum RTD
输出信号	4～20mA 或 RS-232/RS-485 数字信号
供电	10～28V DC；40mA
响应时间	< 20s

（2）美国 YOUNG 公司生产的 41382LC 高精度温湿度传感器。美国 YOUNG 公司的 41382LC 高精度温湿度传感器是一种高精度电容式湿度传感器与 Pt1000 RTD 温度传感器一体化的海洋温湿度测量设备。美国 YOUNG 公司生产的 41382LC 高精度温湿度传感器如图 5.2 所示，其性能指标如表 5.2 所示。

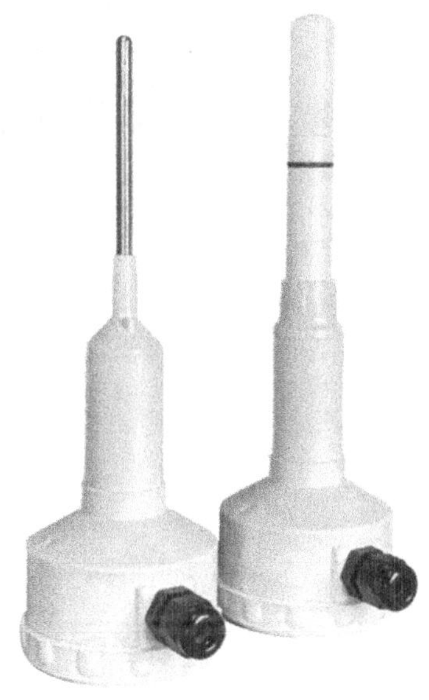

图 5.2　美国 YOUNG 公司生产的 41382LC 高精度温湿度传感器

表 5.2　美国 YOUNG 公司生产的 41382LC 高精度温湿度传感器的性能指标

项　目	指　标
测量精度	±0.3℃（在 23℃时）；±1%RH（在 23℃时）
测量范围	-50～+50℃；0～100%RH
传感器类型	Platinum RTD
输出信号	4～20 mA
供电	5～30V DC；46mA（最大电流）
响应时间	10s

（3）芬兰 VAISALA 公司生产的 HMP155 温湿度传感器。芬兰 VAISALA 公司生产的 HMP155 温湿度传感器应用广泛，具有可靠的温度和湿度测量功能，温度测量基于电阴性 Pt100 温度传感器，湿度测量基于电容型高分子薄膜传感器 HUMICAP180R，适用于各种环

境。芬兰 VAISALA 公司生产的 HMP155 温湿度传感器如图 5.3 所示，其性能指标如表 5.3 所示。

图 5.3　芬兰 VAISALA 公司生产的 HMP155 温湿度传感器

表 5.3　芬兰 VAISALA 公司生产的 HMP155 温湿度传感器的性能指标

项　目	指　标
测量精度	±0.3℃（在 23℃时）；±1%RH（在 23℃时）
测量范围	-50～+50℃；0～100%RH
输出信号	0～5V；4～20mA
供电	7～28V DC
响应时间	<20s

5.1.2　风观测技术与仪器

风传感器是用来测量风速、风向的仪器。按照工作原理不同，目前常用于海洋气象环境观测场合的风传感器主要有机械式风传感器和超声波风传感器。

1．机械式风传感器

机械式风传感器能有效获得风速信息，壳体采用优质铝合金型材或聚碳酸酯复合材料，防雨水，耐腐蚀，抗老化，是一种使用方便、安全可靠的仪器，可在室外长期、连续地进行观测。该传感器的关键核心技术为低惯性旋转感应技术、风向测量阻尼比匹配、结构抗腐蚀、长寿命设计及精密电位计感知技术等。

国内外均有此类传感器的成熟的产业化产品，整体水平差别不大，在绝大多数应用场合中，国内产品已经能够实现对国外同类产品的替代，比较有代表性的产品有山仪所和美国 YOUNG 公司生产的风传感器。

（1）山仪所研制的螺旋桨式风传感器。该风传感器是山仪所专为海洋环境设计的一种螺旋桨式测风传感器，能够适应海上高湿度、高盐度、高腐蚀性的环境，同时它对强沙尘环境有良好的适应性。传感器主体采用模具一体注塑成型，转动部分采用自润滑的陶瓷轴承，具有抗风能力强、耐腐蚀性好、质量轻、安装简便、测量精度高、测量范围宽、随风性好、可靠性高、稳定性好等特点，并可根据应用平台和自身的动态特性，对测量结果进行动态补偿，可广泛应用于海洋站、气象站、舰船、浮标等领域。山仪所研制的螺旋桨式风传感器如图 5.4 所示，其性能指标如表 5.4 所示。

图 5.4　山仪所研制的螺旋桨式风传感器

表 5.4　山仪所研制的螺旋桨式风传感器的性能指标

项　目	指　标
风速测量范围	0～70m/s
风速准确度	±（0.3+0.03v）m/s，式中 v 为实际风速
风向测量范围	0～360°
风向准确度	±3°
供电电压	+5V DC 或 9～30V DC
输出形式	模拟输出：风速信号为脉冲信号，风向信号为格雷码 数字输出：标准 RS-485 串行接口
适用环境条件	−50～+70℃

（2）美国 YOUNG 公司生产的螺旋桨式风传感器。美国 YOUNG 公司生产的 05XXX 系列螺旋桨式风传感器是一种高性能、牢固的风速、风向传感器。该传感器是一个四片螺旋推进器，推进器旋转产生一个交流正弦波电压信号，频率与风速成比例。

美国 YOUNG 公司生产的 05106 型风传感器专用于海上和航海，风传感器有专门的防水轴承润滑剂，一个密封重型电缆尾取代了标准连接盒。风传感器有两个输出信号选项，提供单独的电压或电流输出信号调节。05103V 型风传感器提供校准的 0～5V DC 输出，适用于多种数据记录器。05103L 型风传感器为每个通道提供一个校准的 4～20mA 电流信号，适用于高噪声区或长达几千米的电缆。美国 YOUNG 公司生产的 05106 型螺旋桨式风传感器如图 5.5 所示，其性能指标如表 5.5 所示。

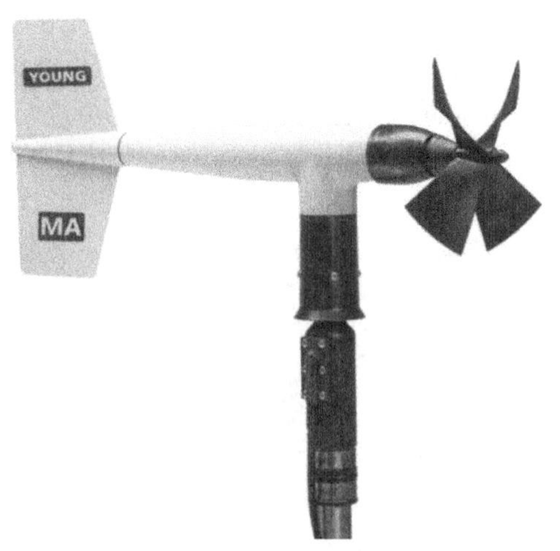

图 5.5　美国 YOUNG 公司生产的 05106 型螺旋桨式风传感器

表 5.5　美国 YOUNG 公司生产的 05106 型螺旋桨式风传感器的性能指标

项　目	指　标
风速测量范围	0～100m/s
瞬时最大风速	100m/s
风速准确度	±0.3m/s
风向准确度	±3°
螺旋桨启动值	1.1m/s
尾翼启动值	1.3m/s
风速信号输出频率	螺旋桨每转 3 个脉冲
风向传感器	线性为 0.25%
供电	8～24V DC

2. 超声波风传感器

超声波风传感器是近年来逐渐兴起的风传感器，该传感器具有风速分辨率高、测量响应时间短、无旋转磨损件的优势，在需要对风速梯度、风切变等进行观测的场合具有独特的优势。该传感器的关键核心技术为超声换能器技术、超声波信号精密测时/测频技术、测量环境匹配修正技术。

对于超声波风传感器，国外产品以英国 Gill 公司、美国 Campbell 公司、美国 YOUNG 公司生产的产品为代表，国内产品以二维超声波风传感器为主，其中锦州阳光气象科技有限公司的产品具有代表性。

（1）英国 Gill 公司生产的 WindObserver 65 超声波风传感器。英国 Gill 公司生产的 WindObserver 65 超声波风传感器是精确可靠的二维超声波风速风向仪，可提供观测到的风速、风向数据，带有一个数据输出或另选三路模拟输出，具有 IP66 等级的不锈钢壳体，尤其适用于盐雾环境。

该超声波风速风向仪还可另带一个除冰加热系统，使传感器能够在高海拔或海上环境条件下有效工作，也推荐用于机场、海洋和离岸应用。英国 Gill 公司生产的 WindObserver 65 超声波风传感器如图 5.6 所示，其性能指标如表 5.6 所示。

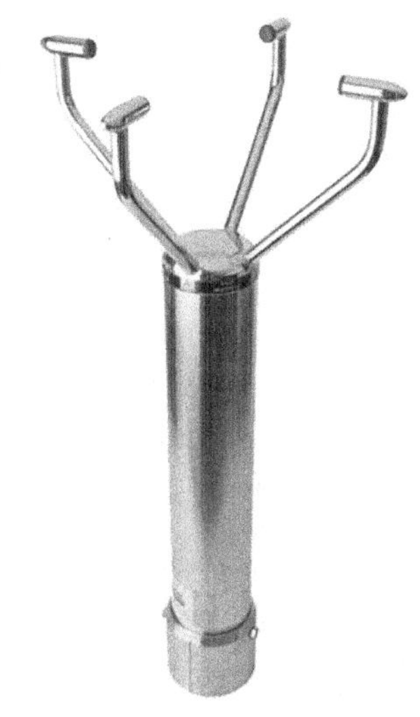

图 5.6　英国 Gill 公司生产的 WindObserver 65 超声波风传感器

表 5.6　英国 Gill 公司生产的 WindObserver 65 超声波风传感器的性能指标

项　目	指　标
风速测量范围	0～65m/s
风向测量范围	0～359°
风速准确度	±2%（风速为 12m/s）
风向准确度	±2°（风速为 12m/s）
最低启动值	0.01m/s
输出频率	1Hz、2Hz、4Hz、5Hz、8Hz 或 10Hz

（2）美国 Campbell 公司生产的 CSAT3A 型超声波风传感器。美国 Campbell 公司的 CSAT3A 型超声波风传感器是涡度协方差和湍流观测应用中三维超声波风速仪的理想选择。该产品符合空气动力学的设计理念，带有 10cm 的垂直测量路径，可在超声脉冲模式下运行，能够经受住严酷的气象条件的考验。美国 Campbell 公司的 CSAT3A 型超声波风传感器可输出三维正交风速（v_x, v_y, v_z）和声速（c），最大输出频率高达 50Hz。美国 Campbell 公司生产的 CSAT3A 型超声波风传感器如图 5.7 所示，其性能指标如表 5.7 所示。

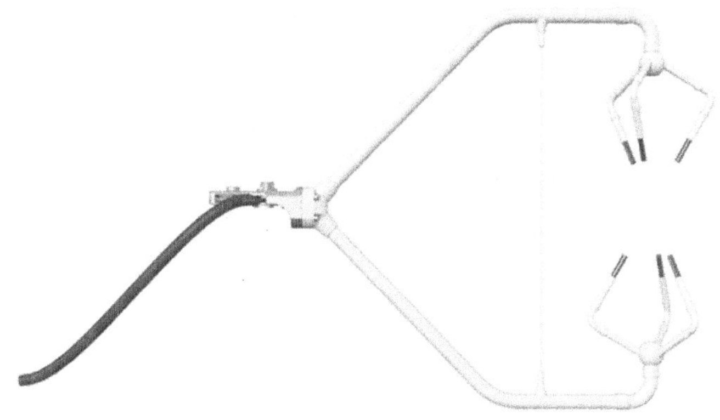

图 5.7　美国 Campbell 公司生产的 CSAT3A 型超声波风传感器

表 5.7 美国 Campbell 公司生产的 CSAT3A 型超声波风传感器的性能指标

项　目	指　标
风速测量范围	0～60m/s
风速偏移误差	<±8.0cm/s（v_x, v_y）；<±4.0cm/s（v_z）
风向准确度	±2°（风速为 12m/s）
风速增益误差	<±2%测量值（风向量与水平面夹角在±5°） <±3%测量值（风向量与水平面夹角在±10°） <±6%测量值（风向量与水平面夹角在±20°）
输出频率	10Hz、20Hz、25Hz 或 50Hz
供电	10～16V DC

5.1.3 能见度观测技术与仪器

能见度是指视力正常的人在当时的天气条件下，能从天空背景中看到和辨认出目标物（黑色、大小适度）轮廓的最大水平距离，夜间则是能看到和确定出一定光强的发光点的最大水平距离。能见度是了解大气的稳定度和垂直结构的天气指标，也是保障交通运输安全的一个极为重要的因素。能见度的单位为 m 或 km。

能见度传感器通过测量空气中经过采样室的离散光粒子（烟雾、尘土、阴霾、雾、雨和雪）的总数来测量大气能见度（气象光学视程，MOR）。海洋领域采用的能见度传感器是基于前向散射能见度传感器而研发设计的一种能见度智能监测设备，设备由光发射器、光接收器及微处理控制器等主要部件组成，可应用于机场、灯塔、高速公路、观光景区、港口、舰船、其他海上平台等。目前，前向散射能见度传感器在海洋上的应用最为广泛，该传感器的关键核心技术包括散射微弱信号检测技术和外界杂散光干扰消除技术。

国外的能见度传感器产品在国际上居于领先水平，占据国际市场的主导地位，国内能见度传感器在测量精度和长期工作稳定性方面与国外产品存在差距。国内代表产品为凯迈（洛阳）环测有限公司生产的 CYJ-1G 能见度传感器。国外的代表产品为芬兰 VAISALA 公司生产的 PWD20 能见度传感器和美国 Eppley 公司生产的 SVS-1 型能见度传感器。

（1）凯迈（洛阳）环测有限公司生产的 CYJ-1G 能见度传感器。凯迈（洛阳）环测有限公司生产的 CYJ-1G 能见度传感器可选配背景亮度传感器组成跑道视程（RVR）测量系统；可对直流电源电压、光源能量、温度和窗口污染等信号进行监测，具备自加热、外场可校准功能，可用于机场、气象、海事、环保等多个领域。凯迈（洛阳）环测有限公司生产的 CYJ-1G 能见度传感器的技术指标如表 5.8 所示。

表 5.8 凯迈（洛阳）环测有限公司生产的 CYJ-1G 能见度传感器的技术指标

项　目	指　标
测量范围	10～50 000m
测量精度	±10%（10～1500m） ±20%（1500～50 000m）
电源	单相交流/直流/太阳能
功耗	不加热时≤30W；加热时≤330W
通信方式	RS-232、RS-485、无线传输

续表

项　目	指　标
工作温度	-45～+70℃
工作湿度	0～100%RH
防护等级	IP66
外形尺寸	1426mm×523mm×3058mm
质量	≤65kg

（2）芬兰 VAISALA 公司生产的 PWD20 能见度传感器。芬兰 VAISALA 公司生产的 PWD20 能见度传感器是测量能见度（气象光学视程）的光学传感器，设备采用前向散射测量原理，经过高精度的大气透射仪校准。PWD20 能见度传感器有很强的抗污染能力，光学镜头朝下并带有防护罩，可有效防止降水、飞沫或尘埃进入镜头。这种设计提供了精确的测量结果并降低了维护频率。芬兰 VAISALA 公司生产的 PWD20 能见度传感器如图 5.8 所示，其性能指标如表 5.9 所示。

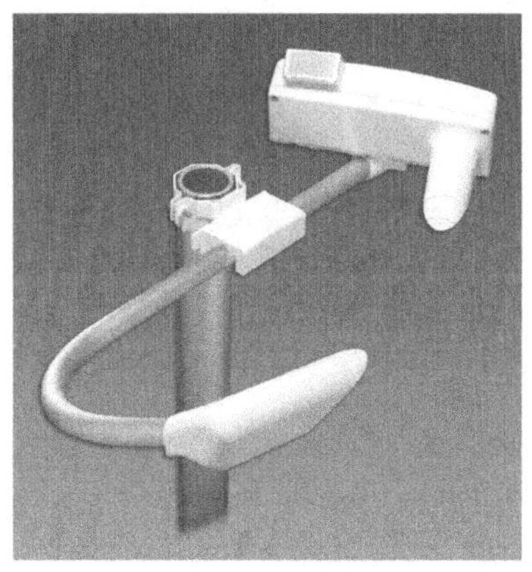

图 5.8 芬兰 VAISALA 公司生产的 PWD20 能见度传感器

表 5.9 芬兰 VAISALA 公司生产的 PWD20 能见度传感器的性能指标

项　目	指　标
测量范围	10～20 000m
测量精度	±10%（10～10 000m 范围内） ±15%（10～20km 范围内）
电源	12～50V DC
功耗	3W（带露点加热器的电子器件，电压为 10V DC）
选配	2W（带露点加热器的亮度传感器） 65W（加热选项）
工作温度	-40～+60℃
工作湿度	0～100%RH
防护等级	IP66
外形尺寸	40.4cm（*W*）×69.5cm（*L*）×19.9cm（*H*）
质量	3kg

（3）美国 Eppley 公司生产的 SVS-1 型能见度传感器。美国 Eppley 公司生产的 SVS-1 型能见度传感器通过测量空气中经过采样室的离散光粒子（烟雾、尘土、阴霾、雾、雨和雪）

的总数来测量大气能见度（气象光学视程），可以在所有天气条件下使用，一个完整的、上下一体的结构设计可以保证传感器所有的内部电缆都能得到很好的保护。美国 Eppley 公司生产的 SVS-1 型能见度传感器采用的是俯视几何学设计，减小了窗口污染和堵塞的可能。测量窗口有可以连续使用的防结露加热器，可以选择可控制的外部温度调节加热器用于保护传感器在极端环境中正常工作。所有的电源电缆和信号电缆都使用了涌流保护器和电磁干扰（EMI）过滤。美国 Eppley 公司生产的 SVS-1 型能见度传感器如图 5.9 所示，其性能指标如表 5.10 所示。

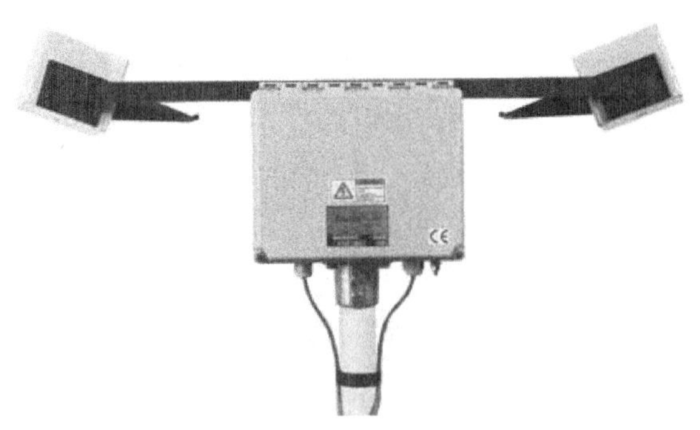

图 5.9　美国 Eppley 公司生产的 SVS-1 型能见度传感器

表 5.10　美国 Eppley 公司生产的 SVS-1 型能见度传感器的性能指标

项　目	指　标
光源	880nm LED
散射角度	42°
测量范围	30～16 000m（可选配 10～10 000m）
测量精度	±10%
时间常数	60s
模拟输出	0～10V DC（标准），0～5V DC（可选）
数字输出	ASCII 代码（RS-232、RS-422、RS-485 可选）
衰减	100～0.1863km^{-1}（标准），300～0.30km^{-1}（可选）
电源	100～240V AC，14VA；70VA w 外壳加热 10～36V DC，6VA；18VA w 外壳加热
工作温度	-40～+60℃
工作湿度	0～100%RH
防护级别	IP66（NEMA-4X）
尺寸	889mm×292mm×305mm
质量	8kg
安装架	40mm 标准管，48mm 外径（max） 25mm 标准管，33mm 外径（max）

5.1.4　波浪观测技术与仪器

波浪是海水的运动形式之一，是水质点周期振动引起的水面起伏现象。当水体受外力作用时水质点离开平衡位置做往复运动，并沿一定方向传播，此种运动称为波动。海洋里的波动可根据其不同的性质及特点进行分类：按水深与波长之比可分为短波和长波；按波形的传播可分为行波和驻波；按波动发生的位置可分为表面波、内波和边缘波；按波动的成因可分为风浪、涌浪、地震波和潮波等。波浪是海洋物理学研究的重要内容之一，是海洋预报、防灾减灾、海洋工程和航海安全等领域重要的输入参数之一。

波浪传感器是专门用于测量波浪的仪器，波浪观测要素为波浪的波高、波向、波周期等。常见的波浪传感器可分为重力式波浪传感器、压力式波浪传感器、声学式波浪传感器等几种类型。目前，重力式波浪传感器在海洋中的应用较为广泛，该传感器的关键核心技术为九轴组合惯导模块数据的初始轴对准及反馈校正算法、波向校正模型、波浪谱检测、波向检测技术。

国外主要的代表产品为荷兰 Datawell 公司生产的 MK III 型测波浮标和加拿大 AXYS 公司生产的测波浮标。国内代表产品为山仪所研制的 SBY1-1 型波浪测量仪和 SBY3-1 型重力式测波浮标。

（1）荷兰 Datawell 公司生产的 MK III 型测波浮标。荷兰 Datawell 公司生产的 MK III 型测波浮标俗称“波浪骑士”，是波高和波向测量的世界标准。安装在浮标中的加速度计测量波浪运动时所产生的加速度，通过双重积分，得到波高、波周期和波向。荷兰 Datawell 公司生产的 MK III 型测波浮标内部装有 GPS 和温度传感器。荷兰 Datawell 公司生产的 MK III 型测波浮标如图 5.10 所示，其性能指标如表 5.11 所示。

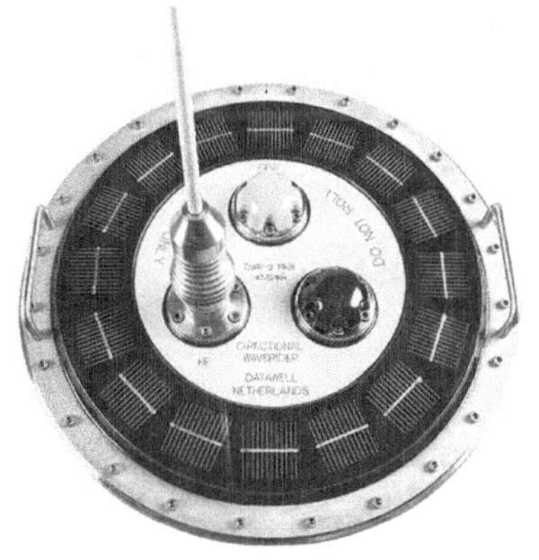

图 5.10　荷兰 Datawell 公司生产的 MK III 型测波浮标

表 5.11　荷兰 Datawell 公司生产的 MK III 型测波浮标的性能指标

项　目	指　标
波高	-20～+20m；分辨率为 0.01m
精度	定标后小于测量值的 0.5%，3 年后小于测量值的 1.0%
波周期	1.6～30s
波向	0～360°；分辨率为 1.4°
通信方式	高频通信或卫星通信（Argos，ORBCOMM，GMS，Iridium 等） 备有直径分别为 0.9m 和 0.7m 两种规格可供选用

（2）山仪所研制的 SBY1-1 型波浪测量仪。山仪所研制的 SBY1-1 型波浪测量仪可测量波高和波向，该传感器利用测量水质点运动的加速度来实现波浪参数的观测。海上浮标内装有三维加速度传感器和方位传感器，浮标随水面波浪上下做圆周运动，加速度传感器所产生的反映载体加速度大小的信号经数字积分得到波高信号；水平加速度经合成后得到波向信号，

并与方位传感器的输出合成，得到真正的波向，内置的处理和存储单元按照波浪理论计算求出波浪的特征值数据并存储。山仪所研制的 SBY1-1 型波浪测量仪如图 5.11 所示，其性能指标如表 5.12 所示。

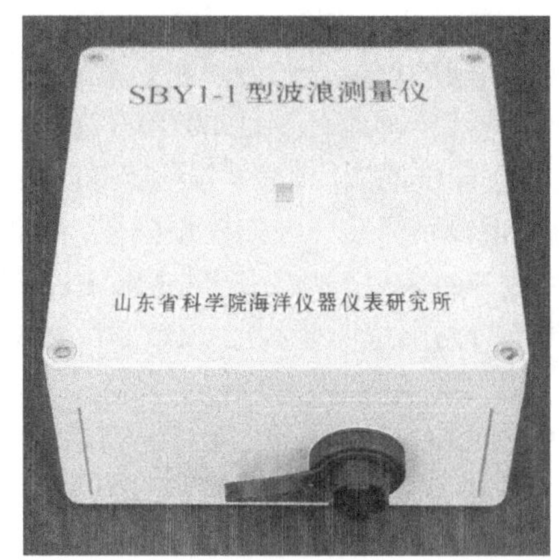

图 5.11　山仪所研制的 SBY1-1 型波浪测量仪

表 5.12　山仪所研制的 SBY1-1 型波浪测量仪的性能指标

项　目	指　标
波高测量范围	0.2～25m
波高测量准确度	±(0.1+5%H)，H 为实测波高
波周期测量范围	2～30s
波周期测量准确度	±0.25s（采样频率为 4Hz）；±0.5s（采样频率为 2Hz）
波向测量范围	0～360°
波向测量准确度	±10°

5.2　海洋生态观测技术与仪器

海洋生态观测是海洋生态保护、海洋生态管理、海洋事业发展的重要手段和措施。海洋生态观测主要包括海洋生物调查和海水化学分析，海洋生物调查包括微生物调查、浮游生物调查、底栖生物调查三大类，常用的调查方法有采样分析法和原位测量法。海水化学分析的内容包括海洋水体中的重要理化参数、营养盐类、有毒有害物质等，如海水的 pH、溶解气体（O_2、CO_2 和 CH_4）、化学需氧量（COD）、生物需氧量（BOD）、总有机碳（TOC）、重金属、油类、放射性核素等。

我国海洋生态观测技术与仪器起步较晚，20 世纪 60 年代以前，我国生态观测设备的发展几乎空白，20 世纪 60 年代—20 世纪 80 年代在第一机械工业部和国家海洋局的支持下，发起了两次海洋仪器大会战，初步奠定了我国海洋生态观测技术的基础，其间研制了包括温度、盐度、船用 pH 计和分光光度计等监测仪器。20 世纪 80 年代以来，在国家“九五”计划至“十二五”规划和 863 计划的支持下，我国海洋观测技术蓬勃发展，取得了比较丰富的技术储备和一系列有价值的科研成果，如叶绿素传感器、海水营养盐分析仪、海水 pH 计、海水溶解氧分析仪、海水 COD 分析仪等，少数成果已经形成产品投放市场。近年来，国家重大科研仪器研制项目、国家自然科学基金项目也为海洋溶解氧设备的研发及基于传感器网络的水环境监测和重金属对海洋水质污染等方面提供了大力支持。

5.2.1　pH 检测技术与仪器

pH 的定义为溶液中氢离子浓度的负对数，其值通常介于 0～14。测量海水 pH 的仪器又名海水酸度计，是一种精密测量海水酸碱度的分析仪器，其通过检测海水中氢离子的含量转换成相应的可用输出信号。测定海水 pH 的方法主要分为三类：离子敏场效应晶体管（ISFET）技术法、光度法及荧光法。

基于离子敏场效应晶体管技术的 pH 传感器，可以克服传统的玻璃电极存在的一些问题。离子敏场效应晶体管是一种微电子离子选择性敏感元件，兼有电化学和晶体管的双重特性。其由三部分组成：电源、漏（板）和闸门。在离子敏场效应晶体管内，闸门电压随离子浓度的改变而改变，从而发出由电源到漏的信号。用对氢离子敏感的材料作为绝缘层，当该材料与被测溶液接触时，由于氢离子的存在，在敏感材料与溶液界面上感应出对氢离子敏感的能斯特响应电位，这个电位会使漏电流发生变化，得到的漏电流与氢离子的浓度呈线性关系，只要测出漏电流的变化量，就能实现对氢离子浓度的检测。

基于光度法的 pH 计主要采用流动注射技术，利用泵阀体系将海水和磺肽指示剂分别抽取至管路中，两者混合后，先测定混合溶液分别在酸态和碱态下指示剂最大吸收波长处的吸光度，再结合指示剂的相关热力学参数来计算 pH。

基于荧光法的 pH 传感器具有平衡时间快、测量动态范围宽、易于标定、测量信号稳定、便于携带、数据传输距离远、设备工作寿命长、不易受损等特点。并且由于各种光学硬件在近几年变得廉价，可将传统光学与纤维光学结合，通过光纤端部修饰一层化学 pH 识别光极膜，来制备新型光纤化学传感器。当被测组分与试剂作用时，就会引起化学 pH 识别光极膜的光学变化（如吸收、反射、荧光、散射等），这种变化通过光导纤维收集并导入光检测系统，从而获得测量信号。

（1）加拿大 Satlantic 公司生产的 SeaFET 海洋酸碱度 pH 仪。加拿大 Satlantic 公司生产的 SeaFET 海洋酸碱度 pH 仪如图 5.12 所示，是世界领先产品，用于高精度测量海水的 pH。加拿大 Satlantic 公司的 SeaFET 海洋酸碱度 pH 仪的技术原理为离子敏场效应晶体管技术，与传统的玻璃电极 pH 传感器相比，稳定性更好，精度更高，不易漂移，更坚固耐用，响应速度更快，适应环境更广，正在逐渐取代传统的玻璃电极 pH 传感器。加拿大 Satlantic 公司生产的 SeaFET 海洋酸碱度 pH 仪的性能指标如表 5.13 所示。其能够独立自容式长期监测或剖面测量，也可以与其他传感器集成在一起工作，如海底监测站、水质浮标、拖体、锚系潜标、船载走航监测系统等。

图 5.12　加拿大 Satlantic 公司生产的 SeaFET 海洋酸碱度 pH 仪

表 5.13　加拿大 Satlantic 公司生产的 SeaFET 海洋酸碱度 pH 仪的性能指标

项　目	指　标
pH 量程	6.5～9.0
原始精度	0.02
稳定性	0.003/月
分辨率	0.004
校准	三羟甲基氨基甲烷光谱光度 pH 测量法校准
输入电压范围	6～18V DC
质量	空气中为 5.4kg；水中为 0.1kg
机械尺寸	直径为 11.4cm，长度为 50.8cm
最大耐压深度	50m
操作温度范围	0～50℃
盐度范围	20～40PSU

（2）美国 Campbell 公司生产的 CS526 pH 传感器。美国 Campbell 公司生产的 CS526 pH 传感器如图 5.13 所示，它采用具有世界先进水平的离子敏场效应晶体管技术，内置了一个镀银/氯化银-氯化钾参比系统，其性能指标列于表 5.14。离子敏场效应晶体管技术是先进的 pH 检测技术，能够有效降低极端条件下海水的酸碱度测量误差，这使得 CS526 pH 传感器可以在含有腐蚀性化学品、生物制剂的水体环境中正常工作，而这是传统的玻璃材料的 pH 探头无法实现的。

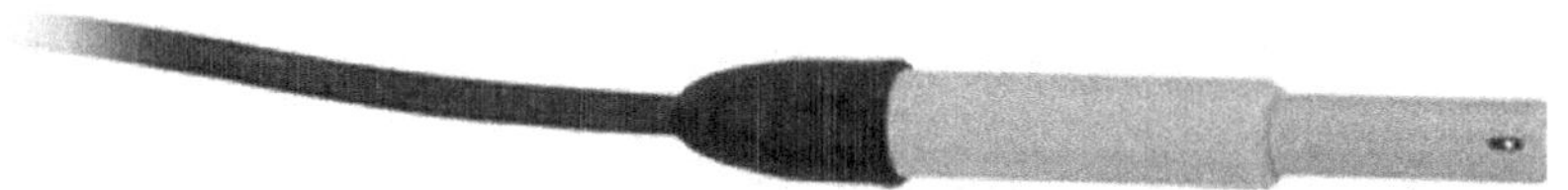

图 5.13　美国 Campbell 公司生产的 CS526 pH 传感器

表 5.14　美国 Campbell 公司生产的 CS526 pH 传感器的性能指标

项　目	指　标
pH 量程	1～14
供电	5V DC
耗电	15mA
输出	串行晶体管-晶体管逻辑（TTL），2400bps，8 个数据位，无奇偶校验，1 个停止位
精度	±0.2（10～40℃）
工作温度	10～40℃
24 小时漂移	<0.15（当温度 25℃时 pH 为 7 的溶液在 15 分钟后）
承受水压	0～700kPa
电缆长度	100m
传感器材质	聚醚醚酮
尺寸	长度为 102mm，直径为 16mm
质量	318g（带 3m 电缆）

（3）美国 Sunburst Sensors 公司生产的 SAMI2-pH 自容式指示剂型 pH 传感器。美国 Sunburst Sensors 公司生产的 SAMI2-pH 自容式指示剂型 pH 传感器如图 5.14 所示，其性能指标列于表 5.15，该传感器可水下自容式锚系、现场剖面监测海水 pH，具有紧凑的尺寸、低功耗、高

稳定性和用户友好操作等特点。在锚系布放模式下，无人值守监测海水的 pH（最深达 500m）连续工作时间可长达 1 年。该传感器采用模块化的设计，使用户很容易地安装、拆卸及维护。美国 Sunburst Sensors 公司生产的 SAMI2-pH 自容式指示剂型 pH 传感器采用可更换的试剂及光纤监测海水的 pH，精度小于 0.001。

图 5.14　美国 Sunburst Sensors 公司生产的 SAMI2-pH 自容式指示剂型 pH 传感器

表 5.15　美国 Sunburst Sensors 公司生产的 SAMI2-pH 自容式指示剂型 pH 传感器的性能指标

项　目	指　标
pH 测量范围	7～9
盐度范围	25～40
工作时间	约 10 000 个样
响应时间	约 3min
精度	<0.001
精确度	±0.003（CRM 比对）
长期漂移	<0.001（超过 6 个月）

5.2.2　化学需氧量检测技术与仪器

COD 是指水体中的还原性物质（包括有机物、亚硝酸盐、亚铁盐、硫化物等）被氧化剂氧化所消耗的氧化剂的量，换算成氧的质量浓度来表示，单位为 mg/L，是衡量海水中有机污染物含量的重要指标，是衡量海洋水体质量的一个基本的生态环境要素。常用的测量方法包括湿化学法、光谱法及化学发光法等。

湿化学法采用流动注射分析技术和分光光度法实现对海水 COD 的在线测量。COD 检测仪器主要由化学反应模块、光电检测模块、控制与信号处理模块和显示模块组成。根据海水特性，通常采用碱性高锰酸钾法检测海水的 COD，即在碱性加热条件下，先用已知且过量的高锰酸钾氧化海水中的还原性物质；再在酸性条件下（硫酸），用碘化钾还原二氧化锰和过量的高锰酸钾，生成的游离碘用硫代硫酸钠标准溶液滴定。

水体中多数有机污染物在紫外区都有特征吸收，有机污染物的浓度对特定波长下的吸光度遵循朗伯-比尔定律。对于某些组分单一且稳定的水样，在波长为 254nm 处的紫外吸光度与 COD 之间有较好的相关性。光谱法就是利用海水中的有机化合物在波长为 254nm 处对紫外线吸收情况的不同，对海水中的有机化合物进行定性分析、定量分析和结构分析，通过光学传感器监测和算法拟合，得到海水的 COD。

化学发光法测量海水 COD 是一种新技术，采用臭氧等强氧化剂，利用气液混合后臭氧在水中生成的强氧化性自由基氧化海水中的有机物，切断 C—C 键，在此过程中的能量以化学发光的形式释放，通过检测化学发光量反演海水的 COD。该方法具有响应速度快、灵敏度高、绿色无污染等显著特点。

（1）德国 TriOS 公司生产的 LISA 光谱法 COD 在线分析仪。德国 TriOS 公司生产的 LISA 光谱法 COD 在线分析仪如图 5.15 所示，采用持久耐用的、高效节能的 UV-LED 技术和坚固的设计。与德国 TriOS 公司生产的其他传感器一样，LISA 光谱法 COD 在线分析仪使用独特的纳米涂层窗口，结合压缩空气冲洗技术，能长时间运行而无须清洗。创新的 TriOS G2 接口不仅能在各种 TriOS 控制器和手持设备中使用，还能更快速、容易地将第三方集成到现有的 SCADA 系统或外部数据采集器中。除了数字输出，LISA 光谱法 COD 在线分析仪还提供 4～20mA 直接口。LISA 光谱法 COD 在线分析仪可以定制 1mm、2mm、5mm、10mm 或 50mm 的光路长度，几乎涵盖了所有应用。通过第二测量通道可进行内部自动浊度校正。钛金属外壳的 LISA 光谱法 COD 在线分析仪能在特殊环境中使用（如高氯浓度环境）。LISA 光谱法 COD 在线分析仪可以通过应用程序特定的相关性配置直接输出 BOD、COD、TOC。LISA 光谱法 COD 在线分析仪具有先进的测量技术，以及低廉的投资和运营成本。

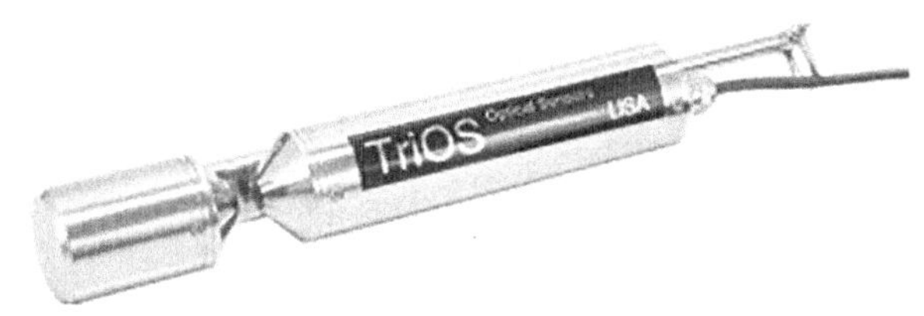

图 5.15　德国 TriOS 公司生产的 LISA 光谱法 COD 在线分析仪

（2）山仪所研制的臭氧法海水 COD 在线分析仪。山仪所研制的臭氧法海水 COD 在线分析仪如图 5.16 所示，它以化学发光原理为基础，应用臭氧催化氧化的化学发光动力学方法实现对水体 COD 的现场、实时、连续地监测和分析，其性能指标列于表 5.16。该技术的创新点在于通过化学发光动力学曲线的特征，通过时间分辨技术对化学发光动力学曲线时间序列积分得到化学发光总量与水体 COD 的相关性，使得应用化学发光动力学方法完全可以实现对水体 COD 的现场快速测量。

图 5.16　山仪所研制的臭氧法海水 COD 在线分析仪

表 5.16　山仪所研制的臭氧法海水 COD 在线分析仪的性能指标

项　　目	指　　标
测量范围	0.2～10mg/L
准确度	±10% FS
精密度	5%
响应时间	≤5min
通信方式	RS-232
无故障时间	≥2400h
供电	220V AC，50Hz
质量	15kg
体积	505mm×344mm×350mm
温度	0～55℃
湿度	<85%
应用场合	船载或岸基站

5.2.3　溶解氧检测技术与仪器

溶解氧是衡量水体自净能力大小的物理量，指的是水中分子态的氧溶解的含量，它以每升水中溶解氧气的量来表示，单位为 mg。海水溶解氧传感器用于检测海水中溶解氧的含量，为海洋环境保护、渔业养殖、赤潮预报等提供重要的海洋化学环境信息。目前常用的海水溶解氧传感器的检测原理主要包括 Clark 电极法和荧光法。

Clark 型溶解氧传感器依据的检测原理是覆膜电极法，该方法是我国规定的溶解氧检测标准方法之一。Clark 型溶解氧传感器通常包括阳极、阴极、电解液、选择性透氧膜，还有一个内置的电热调节传感器，可以测量温度并做温度补偿。将阴极和阳极浸没在电解液中，溶解氧扩散透过渗透膜被工作电极还原，产生微弱的扩散电流，在一定温度下扩散电流的大小与水中溶解氧含量成正比，通过测量扩散电流，得到水中溶解氧的浓度。

荧光法溶解氧传感器常用的是荧光猝灭法，即基于氧分子对荧光物质的荧光猝灭效应。某些荧光物质的原子受激发后，会以发射荧光的形式释放能量并返回基态，而氧分子的存在会干扰荧光激发的过程，因此可以根据敏感界面上产生的荧光强度或荧光寿命来测定水样中氧分子的含量。由光源发出的光信号经过滤光片进入调制区，氧传感膜上的荧光物质受到蓝光照射后，荧光物质的电子从基态跃迁到激发态，当荧光物质的电子从激发态回到基态时，能量差以红光的形式释放出来。当氧分子同荧光物质接触时，发光基团会转移一部分被激发的能量到与之相碰撞的氧分子上，使发出红光的强度减弱、时间缩短。因此可以通过检测荧光强度或荧光寿命的猝灭衰减两种方法测量溶解氧的含量。

（1）美国 SeaBird 公司生产的 SBE43 系列溶解氧分析仪。美国 SeaBird 公司生产的 SBE43 系列溶解氧分析仪如图 5.17 所示，它是海洋溶解氧测量设备，是一种完全重新设计的 Clark 型极谱膜测量设备，使用了优质材料、优越的电子接口和校准方法，其性能指标如表 5.17 所示。

图 5.17 美国 SeaBird 公司生产的 SBE43 系列溶解氧分析仪

表 5.17 美国 SeaBird 公司生产的 SBE43 系列溶解氧分析仪的性能指标

项 目	指 标
准确度	±2%饱和度
测量范围	120%表面饱和度（淡水和盐水）
稳定性	0.5%（每 1000h，干净的膜）
外壳材料	钛合金
输出信号	0～5V DC
供电	6.5～24V DC
响应时间	2～5s
质量	空气中为 0.7kg；水中为 0.4kg

（2）美国 YSI 公司生产的 PRO20 便携式极谱法溶解氧传感器。美国 YSI 公司生产的 PRO20 便携式极谱法溶解氧传感器如图 5.18 所示，其可用于江河、湖泊和海洋的水质测量；应急监测；高校、研究所教学研究；水族馆、水产养殖业水质监测；工业发酵及污水处理等方面，其性能指标列于表 5.18。

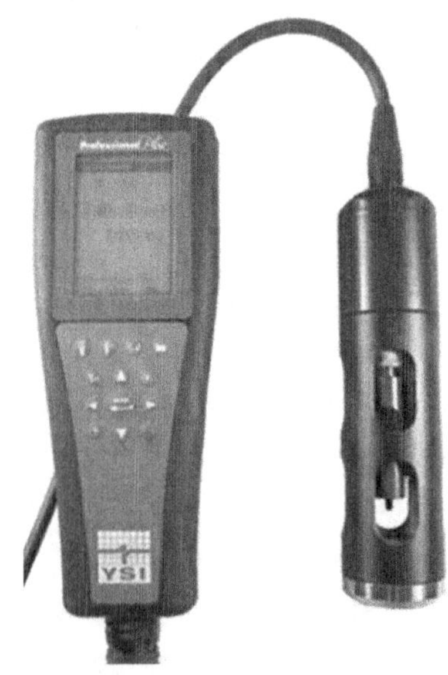

图 5.18 美国 YSI 公司生产的 PRO20 便携式极谱法溶解氧传感器

表 5.18　美国 YSI 公司生产的 PRO20 便携式极谱法溶解氧传感器的性能指标

指　标	测量范围	分辨率	准确度
溶解氧（空气饱和度）	0～500%	0.1%或 1%（可选）	0～200%：读数的±2%或空气饱和度的 2%，以较大者为准 200～500%：读数的±6%
溶解氧	0～50mg/L	0.01 或 0.1mg/L（可选）	0～20mg/L：读数的±2%或 0.2mg/L，以较大者为准 20～50mg/L：读数的±6%
温度	−5～+55℃	0.1℃	±0.3℃
气压	53～133kPa	0.01kPa	±0.4kPa（温度变化在校准点±15℃内）

5.2.4　微塑料检测技术与仪器

微塑料是海洋中的一种新型污染物，通常指尺寸小于 5.0mm 塑料碎片、颗粒或纤维等。目前世界范围内微塑料的研究处于快速发展阶段，但其分析鉴定标准、手段尚未统一制定。一般实验室常用的微塑料检测手段以分子振动光谱法为主，包括傅里叶变换红外光谱法和拉曼光谱法，检测手段依赖人工，费时、费力且误差较大。目前国内外尚无专用的商品化微塑料检测设备。研制专用的微塑料快速检测设备能够极大地解放人力，提高检测效率与准确度。

目前微塑料的检测主要使用实验室通用的拉曼光谱仪。拉曼光谱法由于具有无破坏性、低样品量测试、高通量筛选及所获取的结构信息互补等特点，因此成为检测和鉴别微塑料的主要分析技术。其原理是当激光束落在一个物体上，由于分子和原子结构不同，产生不同频率的散射光，每一种聚合物都会产生独特的光谱。国内的山仪所、中国海洋大学等正处于研制微塑料快速检测设备的研制阶段。国外实验室检测设备有美国赛默飞公司生产的 DXR™ 3xi 显微拉曼成像光谱仪，如图 5.19 所示，该光谱仪具有先进的自动化光学控制系统，高灵敏度、智能化检测方式，高光谱分辨率和高空间分辨率，可以轻松进行更小尺寸微塑料的检测与分析，满足复杂样品的分析要求，其性能指标如表 5.19 所示。

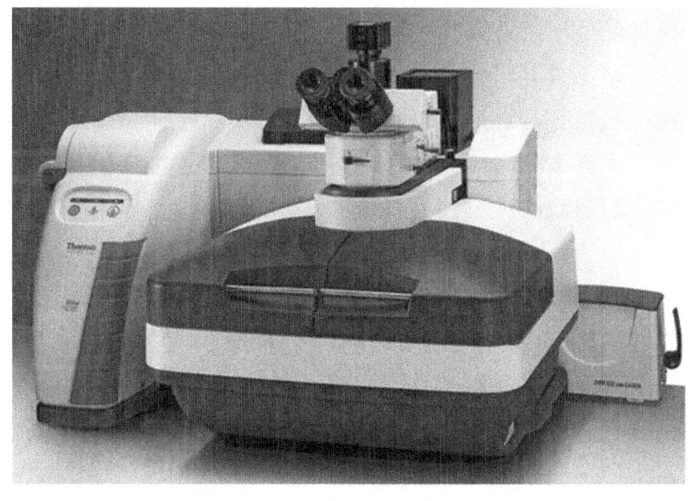

图 5.19　美国赛默飞公司生产的 DXR™ 3xi 显微拉曼成像光谱仪

表 5.19　美国赛默飞公司生产的 DXR™ 3xi 显微拉曼成像光谱仪的性能指标

项　目	指　标
分辨率	0.5μm
共焦深度	2μm
波长范围	455nm；532nm 高亮度；532nm 高功率；633nm 高亮度；633nm 高功率；780nm
光谱重复性	±0.1/cm

5.3　海洋遥感观测技术与仪器

海洋遥感是利用光、声、电等技术对海洋进行远距离非接触观测，以获取海洋各环境要素数据的一种海洋观测技术。海洋无时无刻地与周围环境进行电磁辐射交换，这些过程中包含了电磁辐射的吸收、反射、散射和发射，因此可以通过海洋遥感观测系统对与海洋相关的电磁辐射进行接收、传输及处理，获取与海洋相关的各要素数据信息，实现对海洋的远距离非接触式观测。海洋遥感观测的方式主要有两种：主动式海洋遥感观测和被动式海洋遥感观测。其中，主动式海洋遥感观测首先由遥感观测系统向海洋待测区域发射电磁辐射（如激光），然后经过接收系统对海洋目标对象的电磁回波辐射进行接收并处理，提取并反演被测海域的相关环境要素信息，实现海洋环境遥感观测的目的。主动式海洋遥感系统主要以激光雷达观测系统为代表。被动式海洋遥感主要接收海面上来自太阳、天空散射光等的电磁辐射，从这些电磁辐射中提取出有用信号用以反演海洋环境中的相关要素。被动式海洋遥感系统主要包括各种照相机、差分光学吸收光谱仪和微波辐射计等。按工作平台不同可将海洋遥感分为地基遥感、空基遥感和天基遥感等多种方式。

海洋光学遥感观测技术主要是利用光电探测技术对海洋环境进行远距离非接触观测，以获取海洋环境要素光学信息的一种海洋遥感观测手段。海洋光学遥感观测技术可以实现对海洋大气、海洋水体、海底地形及水下目标的成像等观测。其中，海洋光学遥感观测技术所观测的海洋大气是海洋环境的重要组成部分，海洋大气基本要素包括气温、湿度、气压、风、气溶胶、能见度及污染气体等，海洋大气除了对天气和气候产生影响，对人类生活、动植物生长等均有重要影响。海洋大气气溶胶激光雷达常用于对海洋大气气溶胶的遥感观测，船载污染气体分析仪可以实现对海洋大气污染气体的观测，而相干测风激光雷达则可以实现对风速和风向的测量。

海洋光学遥感对海洋水体的测量主要针对海水中具有光学活性的物质，其含量的不同能形成特定的光学特性，主要包括有色溶解有机物（CDOM）、叶绿素和总悬浮颗粒物（TSM）。CDOM 对海洋生态系统中的生物活性有显著影响，能抑制光合作用从而限制浮游植物种群的增长；叶绿素对海洋生态系统的维持有重要意义，水柱的垂直分层、温度和营养物质的供给情况都能影响叶绿素的产生速率，其光合作用的产物是大气中氧气的重要来源；TSM 浓度是影响该地区光谱特性的主要因素，直接影响水体的透明度，TSM 是陆地向海洋物质运输的重要载体，TSM 浓度会对海洋中的生物、化学、物理过程产生重要影响，从而影响海洋生态环境和资源分布。海洋水体目前常用的监测设备主要有海洋环境参量监测激光雷达、机载高光谱成像仪、船载高光谱成像仪及 LIBS 海洋元素在线监测仪等。

海洋光学遥感技术中的水下目标成像观测技术是海洋光学遥感的重要研究方向，是人类认识海洋、开发利用海洋和保护海洋的重要手段和工具，具有探测目标直观、成像分辨率高、信息含量高等特点。按照不同的水下成像特点可将水下成像技术分为水下主动照明成像、水下距离选通成像、水下激光偏振成像、水下激光扫描成像和水下压缩感知成像等。机载激光测深雷达系统集水下主动照明、距离选通成像及激光扫描成像等多种功能于一体，可以实现对海底地形的精确测量。水下激光距离选通成像仪将激光技术、光电探测技术、CCD（电荷耦合器件）/ICCD（像增强 CCD）成像技术和图像处理技术完美结合，实现对水下目标的高分辨率、高精度的快速成像。水下激光偏振成像仪利用目标和水体对激光的退偏振特性不同，对目标信号和水体的噪声信号进行区别，提高系统的探测性能。

5.3.1　海洋大气气溶胶遥感观测技术与仪器

海洋大气气溶胶激光雷达是以激光为光源，通过探测激光与海洋大气相互作用的辐射信号来遥感大气。激光与海洋大气的相互作用，会产生包含气体原子、气体分子、大气气溶胶粒子和云粒子等有关信息的辐射信号，利用相应的反演方法就可以从中得到关于气体原子、气体分子、大气气溶胶粒子和云粒子等大气成分的信息。当一个激光脉冲发射到大气中时，在传播路径上激光脉冲会被海洋大气气溶胶粒子和云粒子散射和消光，不同高度（距离）的后向散射光的大小与此高度（距离）的大气气溶胶粒子和云粒子的散射特性有关，其后向散射光由激光雷达探测，通过求解米散射激光雷达方程就可以反演对应高度（距离）的海洋大气气溶胶粒子和云粒子的消光系数。当发射的激光脉冲是线偏振光时，球形粒子的后向散射光会保持发射激光脉冲的偏振特性，但是非球形粒子（如沙尘粒子和卷云中的冰晶）的后向散射光会发生退偏振，利用激光雷达同时探测后向散射光中的平行分量和垂直分量的回波信号，就可以得出海洋大气气溶胶粒子和云粒子的退偏振比垂直廓线，退偏振比的大小反映了大气气溶胶粒子和云粒子的非球形特征。

海洋大气气溶胶激光雷达观测系统可对海洋大气中的气溶胶消光系数、后向散射系数、退偏振比等参数的时空分布进行探测。该系统需要在船载平台上实现对海洋大气气溶胶的准确观测，应用于海洋大气观测的关键取决于海洋船载平台的不稳定性对观测结果产生的影响，核心部件如激光器、探测器等仍依赖于进口，同时由于激光雷达是精密的光学设备，海洋的高湿度环境及海水的高腐蚀性对船载激光雷达观测系统的观测造成了很大的困难，因此要想实现激光雷达对海洋大气气溶胶的常规观测，需要突破海洋大气气溶胶观测系统研制和船载观测校正算法研究等一系列关键技术难题。

（1）山仪所研制的海洋大气气溶胶激光雷达。山仪所研制的海洋大气气溶胶激光雷达可对海洋大气中的气溶胶消光系数、后向散射系数、退偏振比等参数的时空分布进行探测，如图 5.20 所示，其性能指标如表 5.20 所示，各项指标均达到国内先进水平。该系统采用集装箱方舱设计，方舱内安装温度和湿度控制设备，为激光雷达系统适应海上环境和长期运转提供温度和湿度的双重保障。

图 5.20 山仪所研制的海洋大气气溶胶激光雷达

表 5.20 山仪所研制的海洋大气气溶胶激光雷达的性能指标

项 目	指 标
尺寸	1.7m（*H*）×1.25m（*W*）×0.7m（*D*）（集装箱：2m×2m×2m）
质量	300kg（不包含集装箱）
激光器类型	闪光灯泵浦 Nd:YAG 激光器
波长	355nm，532nm，1064nm
单脉冲能量	80mJ（355nm），50mJ（532nm），100mJ（1064nm）
重复频率	20Hz
光束发散角	0.15mrad（5 倍扩束镜）
望远镜	施密特卡塞格林，*D*=30cm
视场角	0.3mrad
干涉滤光片	1nm（FWHM）
探测器	APD（1064nm）
	PMT（355nm，532nm，407nm，607nm）
数据采集卡	Licel Transient Recorder（40MHz，12bit）
高度分辨	3.75m
可探测最大高度	40km

（2）PollyXT 型多波长拉曼偏振激光雷达。德国莱布尼茨对流层研究所研制的 PollyXT 型多波长拉曼偏振激光雷达可测定激光发射波长处的气溶胶后向散射和消光系数分布，PollyXT 型多波长拉曼激光雷达可以同时发射 355nm、532nm 和 1064nm 三种波长的激光，具有较大的激光功率和较大口径的接收望远镜，同时具有七个接收通道，具备“3+2”特征测量功能：可同时获取 355nm、532nm 和 1064nm 三个激光波长处的后向散射和 355nm、532nm 两个激光波长处的消光系数特征分布。PollyXT 型多波长拉曼偏振激光雷达具有远程控制功能，所有的测量可以远程控制并自动执行，采集到的测量数据可以通过网络传输到服务器上。PollyXT 型多波长拉曼偏振激光雷达的性能指标如表 5.21 所示。

表 5.21　PollyXT 型多波长拉曼偏振激光雷达的性能指标

项　目	指　标
尺寸	1.8m×1.7m×0.8m
质量	500kg
功耗	3kW
激光器	Continuum Inlite
重复频率	20Hz
激光能量	180mJ（1064nm），110mJ（532nm），60mJ（355nm）
扩束镜	6.5 倍
光束发散角	优于 0.2mrad
远场望远镜口径	300mm
近场望远镜口径	50mm
采集卡带宽	600MHz
距离分辨率	7.5m

5.3.2　海表水质参数遥感观测技术与仪器

船载高光谱成像仪可以搭载船舶平台，对海水进行实时、现场观测，获得相关海域内海水的叶绿素、非色素悬浮物、CDOM 的含量。船载高光谱成像仪通过第一路光纤探头以一定的视场角对准目标海面，接收由海面反射到视场角范围内的高光谱信号；第二路光纤探头是背景观测光路，用于观测背景中的天空光信号；第三路光纤探头用于获取标准反射板的信息，通过比对可计算出观测点位置的海表光学参数，如水体向上辐亮度、天空光下行辐亮度、遥感反射率等数据，通过在线分析系统反演出所需的水色三要素和其他海面信息。并且，根据测试的需要，上述过程可以通过任务规划系统自动制定采集时间、采集地点、积分时间、时空网格点等要素，可以形成海洋高光谱的有效数据，为海洋环境监测提供了基础数据支持，用途十分广泛。

目前，船载高光谱成像仪的反演算法大多集中在开阔大洋等一类水体，由于受太阳耀斑、地球自转等因素的影响，尚无针对近海沿岸等二类水体的高精度反演算法。由于海洋环境复杂，湿度高、盐度大、船体受风浪影响大，且日晒时间长，设备内部极易温度过高，对设备抵抗外界环境干扰的能力要求较高，且目前水色三要素反演模型局限性大，仅适用于大江大河等开阔水体，如何对内陆水体中的水色三要素进行精确反演，一直是技术难点。与国外仪器相比，国产船载高光谱成像仪硬件上的部分核心器件（如光谱仪等）仍依赖于进口，而且受光阑等光学元件及相机的限制，其图像分辨率低，水色三要素反演精度差，且易受背景杂散光的影响。

机载海洋高光谱成像仪搭载无人机平台，主要用于野外测量植物、水体、土壤等地物的光谱信息，获得光谱图像，通过分析光谱图像，可与海水的理化性质建立联系，用于分析叶绿素、TSM 等污染物。海表物体的反射光通过物镜成像于狭缝平面，由物镜收集并通过狭缝增强准直照射到色散元件上，经色散元件在垂直条带方向按光谱色散，由聚焦物镜会聚成像于传感器，焦平面的水平方向平行于狭缝，称为空间维，每一行水平光敏元上有地物条带一个光谱波段的像，焦平面的垂直方向是色散方向，称为光谱维，每一列光敏元上有地物条带一个空间采样视场（像元）光谱色散的像。这样，面阵探测器每帧图像数据就是一个海表条带的光谱数据，加上飞机的运动，以一定速率连续记录光谱图像，就得到了地面二维图像及图像中各像元的光谱数据，即图像立方体。要求整个系统设计紧凑，成像光谱仪主机采用外置推扫成像方式，可与航测飞机、激光雷达集成一体式高光谱/激光雷达测量系统。

目前国内外机载高光谱成像仪更多地被用于开阔大洋等一类水体，由于海岸、河口、河流等二类水体的光学特性比一类水体复杂，很多适用于一类水体的反演算法在二类水体中会产生较大的反演误差；搭载于无人机平台的机载高光谱成像仪姿态校正技术及反演算法是核心技术，与国外机载高光谱成像仪相比，硬件上部分核心器件（如光谱仪等）仍依赖于进口，而且国内机载高光谱成像仪由于受到大气条件、地形条件、飞行平台的震动等因素干扰，导致其挂载的高光谱成像仪抖动严重，获得的研究区域全覆盖海表的高光谱图像焦距偏离、分辨率低，进而导致对于海水中叶绿素、非色素悬浮物、CDOM 等生态参数反演精度不高。

（1）山仪所研制的船载高光谱成像仪（LGC1-4 型）。山仪所研制的船载高光谱成像仪如图 5.21 所示，其性能指标如表 5.22 所示。

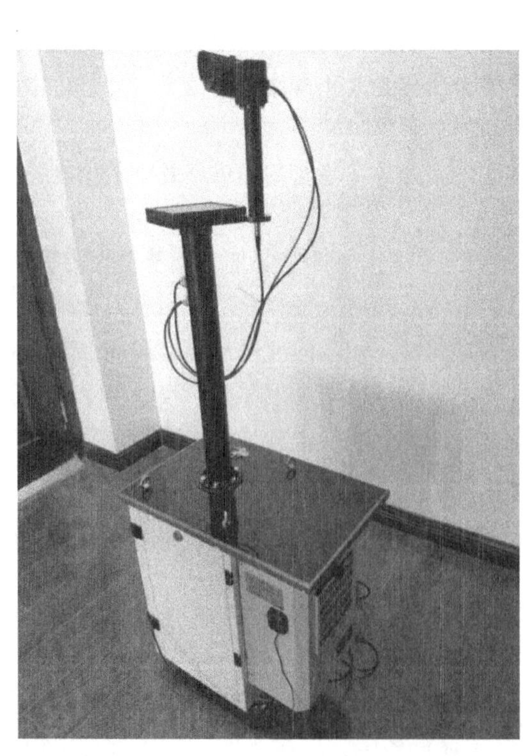

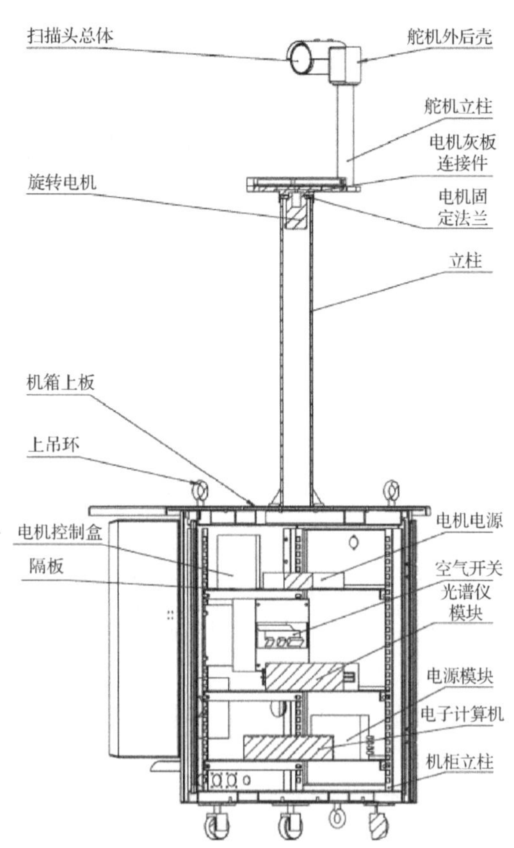

图 5.21 山仪所研制的船载高光谱成像仪

表 5.22　山仪所研制的船载高光谱成像仪的性能指标

项　目	指　标
波长范围	200～2500nm（满足一类水体和二类水体要求）
光谱分辨率	2.4nm（200～1100nm）；10nm（1100～2500nm）
灵敏度	130 photons/count（200～1100nm）；60 photons/count（1100～2500nm）
积分时间	4ms～10s
信噪比	600∶1（200～1100nm）；4000∶1（1100～2500nm）
量化等级	16bit
设备质量	<20kg
设备功耗	<50W
工作温度	−15～+40℃
工作环境	3 级海况及以下

（2）美国 Headwall 公司生产的 HyperSpec 型船载高光谱成像仪。美国 Headwall 公司生产的 HyperSpec 型船载高光谱成像仪具有全反射的同心光学设计，能在大幅宽扫描的同时获得高分辨率的图像和光谱。在这款紧凑、高色散的仪器中，梯形失真和光谱弯曲被尽可能地减小。美国 Headwall 公司生产的 HyperSpec 型船载高光谱成像仪采用全息衍射光栅，每个传感器都采用高效率的原始光栅，最大化信号输出的同时最小化杂散光。高水准的光电机械学设计制造了耐用的被动式绝热平台，在宽视场范围内呈现了最佳的图像分辨率和最优的光谱信噪比，其性能指标如表 5.23 所示。

表 5.23　美国 Headwall 公司生产的 HyperSpec 型船载高光谱成像仪的性能指标

项　目	指　标
光谱范围	670～780nm
光谱采样间隔	0.051nm/pixel
光谱分辨率	0.1～0.2nm
信噪比	120∶1
工作 F 数	f/2.5
光谱像素	2160
未叠加空间像素的数量	1600
FPA 技术	TE-Cooled sCMOS
角视场（扫描带宽）	23.5°
最大帧率	66
相机比特深度	16
操作温度范围	10～40℃

（3）加拿大 ITRES 公司生产的 TASI-600 机载高光谱成像仪。加拿大 ITRES 公司生产的高性能机载高光谱成像仪和热红外成像仪采用了定制的衍射光装置、严格的环境控制装置、快速硬件模型和固态可移除记录单元，以及强大的控制与处理软件，拥有更高的成像精度和分辨率，覆盖了紫外区、可见近红外区（VNIR）、短波红外区（SWIR）、中波红外区（MWIR）和长波红外区（LWIR）等电磁波谱范围，在获取高性能参数的同时，结构更紧凑，

质量更轻，并可搭载全球导航卫星系统（GNSS）、惯导系统和激光雷达（LiDar）系统，加拿大 ITRES 公司生产的 TASI-600 机载高光谱成像仪的性能指标如表 5.24 所示。

表 5.24　加拿大 ITRES 公司生产的 TASI-600 机载高光谱成像仪的性能指标

项　目	指　标
光谱	长波红外
传感器类型	推扫式
光谱范围（连续）	8000～11 500nm
光谱通道数	32
旁向像元数	600
总视场角	40°
瞬时视场角	1.2mrad（0.069°）
光谱采样宽度	110nm
光谱分辨率	≤120nm（average）
动态范围	14bit
帧率	最高 200fps
数据速率	22.5MB/s
像元尺寸	30μm×30μm

5.3.3　水下遥感观测技术与仪器

水下海洋信息的获取对于探索海洋、发展海洋经济及海洋国防安全等方面具有重要意义。水下相机作为视觉信息获取装备，可通过搭载水下机器人、着陆器、海底观测网等运载平台，有效扩大观测范围从而获得更多的信息。水下激光距离选通成像技术是当前国内外不断发展且应用有效的水下光电成像技术之一，在海底地貌探测、海底工程建设、海洋环境监测、水下救援、水下考古等领域具有重要应用价值。

距离选通成像技术是利用脉冲激光器和相机，通过脉冲发射和相机开启成像时间的先后分开不同距离上的散射光和目标场景的反射光，使由目标场景反射的回波信号刚好在相机选通门打开时到达相机，并完成成像。

水下激光距离选通成像系统将激光技术、光电探测技术、CCD/ICCD 成像技术和图像处理技术完美结合，实现对水下目标高分辨率、高精度的快速成像。尽管水下激光距离选通成像是目前主流的水下成像方式，但其仍存在以下问题：受限于面阵接收器单个像素的灵敏度其成像距离有限；需要预先知道目标的距离或逐步调整相机开门的时间，才能最大限度发挥距离选通成像技术的优势；系统中应用的高性能 CCD/ICCD 核心器件目前主要依赖于进口。国内外典型产品如下所述。

（1）加拿大 DRDC Valcartier（国防研究所）研制的 LUCIE 系列。目前典型的水下激光距离选通成像系统是加拿大 DRDC Valcartier 研制的 LUCIE 系列产品，装载于 ROV 可在 200m 的海下工作，对港口和深海进行探测和监测。该产品至今已经发展到了第三代，LUCIE 3 的性能指标如表 5.25 所示。

表 5.25　LUCIE 3 的性能指标

项　目	指　标
激光器	Nd:YVO4 激光器
波长	532nm
重频	25kHz
功率	600mW
脉宽	1ns
像增强选通门宽	5ns
系统体积	20cm（W）×10cm（H）×25cm（L）
质量	5kg
功耗	50W

（2）北京理工大学研制的水下激光距离选通成像系统。我国在水下激光主动成像领域起步较晚，虽然已经具备了相关理论基础并研制完成了水下激光成像系统，但大多处于原理验证或实验样机阶段，尚无实用化的系统，更无商品化的产品。

典型的原理样机是北京理工大学在国家 863 计划的支持下，与北方夜视公司合作研制的水下激光距离选通成像实验系统，其性能指标如表 5.26 所示。

表 5.26　水下激光距离选通成像实验系统的性能指标

项　目	指　标
激光器	Nd:YVO4 激光器
波长	532nm
重频	25Hz
功率	6W
脉宽	10ns
像增强选通门宽	2ns
探测距离	50m

水下环境复杂多变，在复杂的光学环境中，水下成像质量急剧下降，传统成像方法中常用的如颜色、亮度等特征衰减严重，难以有效地提高水下成像的质量。利用目标场景的偏振信息能够提高目标成像的对比度，减少杂散光的干扰，有助于目标的探测和识别，同时能够提供目标表面特征，如形状、纹理、表面朝向、粗糙度等。偏振成像可以对水下散射进行有效抑制，在水下环境中成像，分析目标信息光、后向散射光和前向散射光相应的偏振特性，针对性地解决不同分量对图像的影响才能提高图像的质量。

水下偏振成像技术相对于其他成像技术，如水下激光距离选通成像技术等，具有系统简单便携、功耗低和成本低等特点，有着非常高的实际应用价值。但是水下偏振成像方法存在手动选取特定区域的主观误差大、噪声大、连续多张拍摄场景导致实时性差等问题，且水下偏振成像技术所使用的激光器、偏振器件和成像相机等仍依赖于进口。此外，偏振成像的效果也严重依赖于复原算法的性能，研究具有鲁棒性强、普适性高的偏振图像复原算法也是亟待解决的技术难题。

2006 年以色列瑞尔理工学院的 Treibitz 和 Schechner 研制了 Aqua SuperNova 系统，提出采用宽视场偏振光照明，在接收器前放置检偏器并使用两幅偏振态相互垂直的水下偏振成像图像处理方法，可有效地对后向散射光起到调制作用，以色列瑞尔理工学院研制的 Aqua SuperNova 系统的性能指标如表 5.27 所示。

表 5.27　以色列瑞尔理工学院研制的 Aqua SuperNova 系统的性能指标

项　目	指　标
光源	Quartz Tungsten Halogen Bulb
功率	400W
相机	Nikon D100
功耗	80W

偏振成像技术在我国已逐渐受到重视，主要应用在大气、云层等散射介质中，针对水下偏振成像的相关技术研究仍处于起步阶段，目前国内的中国科学院安徽光学精密机械研究所、西安电子科技大学、北京理工大学、长春理工大学、天津大学等已逐步展开水下偏振成像技术的相关研究，但目前仍处于实验室原理验证阶段，尚无集成的系统样机，与国外相比仍存在一定差距。

习题

1．海洋观测技术的概念是什么？可以分为哪几类？
2．海洋水文气象仪器的主要作用是什么？
3．海洋水文要素和海洋气象要素分别包括哪些内容？
4．简述波浪传感器的关键核心技术。
5．简述海洋生态观测技术的意义。
6．微塑料的定义是什么？简述开展微塑料观测的意义。
7．拉曼光谱法的特点有哪些？
8．海洋遥感观测有哪些种类？
9．简述水质参数都有哪些？在海洋观测中有何意义？
10．列出三种海洋观测类期刊或研究机构。

参考文献

[1] 蒋兴伟，何贤强，林明森，等. 中国海洋卫星遥感应用进展[J]. 海洋学报，2019，41（10）：113-124.
[2] 许肖梅. 海洋技术概论[M]. 北京：科学出版社，2000.

[3] 王军成. 海洋资料浮标技术[M]. 北京：海洋出版社，2017.
[4] 张云海. 海洋环境监测装备技术发展综述[J]. 数字海洋与水下攻防，2018，1（2）：7-14.
[5] 朱光文. 海洋环境监测与现代传感器技术[J]. 海洋技术，2000，19（3）：38-43.
[6] 王祎，李彦，高艳波. 我国业务化海洋观测仪器发展探讨——浅析中美海洋站仪器的差异、趋势及对策[J]. 海洋学研究，2016，34（3）：69-75.
[7] 牟健. 我国海洋调查装备技术的发展[J]. 海洋开发与管理，2016，33（10）：78-182.
[8] 齐勇，闫星魁，郑姗姗，等. 海浪监测技术与设备概述[J]. 气象水文海洋仪器，2015，33（3）：113-117.
[9] 李红志，贾文娟，任炜，等. 物理海洋传感器现状及未来发展趋势[J]. 海洋技术学报，2015，34（3）：43-47.
[10] 李民，刘勇. 中国海洋仪器产业发展现状与趋势[J]. 中国海洋经济，2017（4）：35-44.
[11] 林立铮，丘祖京，郑中凯. WindSonic 型超声测风传感器及其降水环境探测性能评估[J]. 国外电子测量技术，2020（8）：92-97.
[12] 陈伟，张有为. 2D 型超声波测风仪在风力发电机上应用的分析[J]. 仪器仪表用户，2016，23（8）：89-92.
[13] 柯金. 气象能见度的基本概念和目测资料中的若干问题探讨[J]. 新疆气象，1990（5）：40-42.
[14] 肖韶荣，吴群勇，周佳，等. 透射式能见度仪动态范围扩展方法[J]. 应用光学，2014，35（4）：574-579.
[15] 中国人民解放军海洋环境专项办公室. 国内外海洋仪器设备大全[M]. 北京：国防工业出版社，2015.
[16] 安宝东，刘晓云，高少妮，等. 一种全新 pH 荧光化学传感器的制备及其荧光性能的研究[J]. 化工管理，2020（11）：45-46.
[17] SEIDEL M P，DEGRANDPRE M D，DICKSON A G. A Sensor for in Situ Indicator-Based Measurements of Seawater pH[J]. Marine Chemistry，2008，109（1–2）：18-28.
[18] 石超英，王聪，王爱军. 海水溶解氧测量仪的检测及其不确定度评定[J]. 广州化工，2015，43（24）：130-131.
[19] 吴宪宗，朱婷婷. 电化学探头法测量水中溶解氧的问题探讨[J]. 广东化工，2020，47（21）：137.
[20] 王莹. 基于深度学习的极谱式溶解氧传感器故障诊断分析[D]. 泰安：山东农业大学，2020.
[21] 刘世英. 膜电极法测定溶氧[J]. 淡水渔业，1975（6）：26-33.
[22] ARTHUR C，BAKER J E，BAMFORD H A. Proceedings of the International Research Workshop on the Occurrence，Effects，and Fate of Microplastic Marine Debris[J]. September 9-11，2008，University of Washington Tacoma，Tacoma，WA，USA，2009.
[23] VESELOVSKII I，KOLGOTIN A，GRIAZNOV V，et al. Inversion of Multiwavelength Raman Lidar Data for Retrieval of Bimodal Aerosol Size Distribution[J]. Applied Optics，2004，43（5）：1180-1195.

[24] SMIRNOV A，HOLBEN B N，SAKERIN S M，et al. Ship - Based Aerosol Optical Depth Measurements in the Atlantic Ocean：Comparison with Satellite Retrievals and GOCART Model[J]. Geophysical Research Letters，2006，33（14）：L14817.

[25] WITEK M L，FLATAU P J，QUINN P K，et al. Global Sea - Salt Modeling：Results and Validation Against Multicampaign Shipboard Measurements[J]. Journal of Geophysical Research：Atmospheres，2007，112：D08215.

[26] SMIRNOV A，HOLBEN B N，ECK T F，et al. Diurnal Variability of Aerosol Optical Depth Observed at AERONET (Aerosol Robotic Network) Sites[J]. Geophysical Research Letters，2002，29（23）：30-1-30-4.

[27] WANG Z，DU L，LI X，et al. Design and Development of Multiwavelength Mie-Polarization-Raman Aerosol Lidar System[C]. International Symposium on Photoelectronic Detection and Imaging 2013：Laser Sensing and Imaging and Applications. SPIE，2013，8905：641-646.

[28] WANG Z，DU L，LI X，et al. Observations of Marine Aerosol by a Shipborne Multiwavelength Lidar Over the Yellow Sea of China[C]. Lidar Remote Sensing for Environmental Monitoring XIV. SPIE，2014，9262：207-212.

[29] JANSSON P，TRIEST J，GRILLI R，et al. High-Resolution Underwater Laser Spectrometer Sensing Provides New Insights into Methane Distribution at an Arctic Seepage Site[J]. Ocean Science，2019，15（4）：1055-1069.

[30] YANG W，MARSHAK A，WEN G. Cloud Edge Properties Measured by the ARM Shortwave Spectrometer Over Ocean and Land[J]. Journal of Geophysical Research：Atmospheres，2019，124（15）：8707-8721.

[31] YU L，XUE H，CHEN J. Stigmatic Broadband Imaging Spectrometer with a High Numerical Aperture[J]. Applied Optics，2018，57（10）：2414-2419.

[32] 赵永强，戴慧敏，申凌皓，等.水下偏振清晰成像方法综述[J]. 红外与激光工程，2020，49（6）：43-53.

[33] 金伟其，王霞，曹峰梅，等. 水下光电成像技术与装备研究进展（下）[J]. 红外技术，2011，33（3）：125-132.

[34] 李海兰，王霞，张春涛，等. 基于偏振成像技术的目标探测研究进展及分析[J]. 光学技术，2009，35（5）：695-700.

[35] TREIBITZ T，SCHECHNER Y Y. Instant 3Descatter[J]. Proceedings of the IEEE Computer Society Conference on Computer Vision and Pattern Recognition，2006，2：1861-1868.

[36] 韩平丽. 水下目标偏振成像探测技术研究[D]. 西安：西安电子科技大学，2018.

[37] 曹峰梅，金伟其，黄有为，等. 水下光电成像技术与装备研究进展（上）——水下激光距离选通技术[J]. 红外技术，2011，33（02）：63-69.

[38] FOURNIER G R，BONNIER D，FORAND J L，et al. LUCIE ROV Mounted Laser Imaging System[C]. Ocean Optics XI. SPIE，1992，1750：443-452.

[39] FOURNIER G R，BONNIER D，FORAND J L，et al. Range-Gated Underwater Laser Imaging System[J]. Optical Engineering，1993，32（9）：2185-2190.

[40] WEIDEMANN A，FOURNIER G R，FORAND L，et al. In Harbor Underwater Threat Detection/Identification Using Active Imaging[C]. Photonics for Port and Harbor Security. SPIE，2005，5780：59-70.

[41] JIN W，CAO F，WANG X，et al. Range-Gated Underwater Laser Imaging System Based on Intensified Gate Imaging Technology[C]. International Symposium on Photoelectronic Detection and Imaging 2007：Photoelectronic Imaging and Detection. SPIE，2008，6621：163-168.

第 6 章

海洋探测技术与仪器

海洋探测技术为海洋学研究和海洋资源开发服务，其目的是维护海洋权益、开发海洋资源、保护海洋环境、预警海洋灾害、提高海上防御能力、促进海洋学发展。海洋探测技术一般可分为海洋声学探测技术（包括海洋地震勘探技术）、海洋重力探测技术、海洋磁力探测技术。

6.1 海洋声学探测技术

海洋声学是研究海洋中声波的传播规律及利用声波探测海洋的科学，是声学和海洋学的交叉学科，它主要包括声波在海洋中的传播规律和海洋环境对声波传播的影响、如何利用声波探测海洋、海洋声学探测技术和仪器。声波在海水中的传播特性显著优越于电磁波和可见光，因此海洋声学探测成为水下遥测的主要手段和海洋高技术的主要研究领域。历史上的两次世界大战充分展示了海洋声学探测技术在军事上的重要性，因此长期以来，除助航仪器和鱼探仪外，海洋声学探测技术的每一项进展几乎都限制在军事应用和军事保密范围内。随着海洋经济和海洋资源开发的发展，民用海洋声学探测技术得到迅速的发展，成熟的军事海洋声学探测技术逐渐向民用转移，促进了民用海洋声学探测技术的发展。海洋声学探测技术在海洋环境遥测、海洋资源探测、海底地形地貌测绘、水下移动载体的导航和定位、水下多媒体通信等方面都有广泛的应用。

6.1.1 侧扫声呐

侧扫声呐（Side Scan Sonar，SSS）也称为旁扫声呐或海底地貌仪，是利用回声测深原理探测海底地貌和水下物体的设备。其换能器阵安装在船壳内或拖曳体中，走航时向侧下方发射扇形波束的声脉冲。波束平面垂直于航行方向，沿航线方向束宽很窄，开角一般小于 2°，以保证较高的分辨率；垂直于航线方向束宽较宽，开角约为 20°～60°，以保证一定的扫描宽度。工作时发射的声波投射在海底的区域呈长条形，换能器阵接收来的自照射区各点的反向散射信号，经放大、处理和记录，在记录纸上显示出海底的图像。回波信号较强的目标图像颜色较黑，声波扫不到的影区图像颜色很淡，根据影区的长度估算目标的高度。侧扫声呐的工作频率通常为数十千赫兹到数百千赫兹，声脉冲持续时间小于 1ms，仪器的作用距离一般为 300～600m，拖曳体的工作航速为 3～6 节，最高可达 16 节。

侧扫声呐系统的横向覆盖宽度及横向分辨率等指标与发射换能器、接收换能器声波的束宽有直接联系，因此研制可同时满足声源级和体积质量要求的高频收发换能器是侧扫声呐的关键技术。

拖曳式侧扫声呐载体在体积、质量及流体力学设计方面要求既能在水下平稳运行，又具有足够的安全性。此外，拖缆的设计，以及在拖缆上进行远距离供电和数据传输也是关键技术。

中国科学院南海海洋研究所承担的中国科学院战略性先导科技A类专项项目“南海环境变化”实施的南海珊瑚礁调查中，首次采用侧扫声呐对珊瑚礁的地形地貌进行探测，获取了珊瑚礁区的侧扫声呐数据和影像。其中在某珊瑚礁的调查中，从侧扫声呐影像上识别到了一艘沉船。刘小菊等人尝试利用该沉船区的侧扫声呐影像对沉船及周边地形地貌开展定量反演和三维重建，以揭示沉船及周边区域地形地貌的基本特征，并探讨侧扫声呐在未来珊瑚礁调查研究中的应用方法及改进建议，以期进一步挖掘侧扫声呐的优势，促进侧扫声呐及其定量分析方法在南海珊瑚礁调查研究中的广泛应用。2018年南海珊瑚礁调查春季航次在利用侧扫声呐对某珊瑚礁开展地形地貌现场调查中，所使用仪器为国产蓝创海洋Shark-S450S单频侧扫声呐仪，发射信号频率为450kHz，采用线性调频（Chirp）信号和连续波（CW）信号处理技术，水平开角和垂直开角分别为0.3°和50°，最大量程为150m，垂直航迹分辨率为1.25cm，安装有自主OTech声呐软件。现场采用小艇开展侧扫声呐探测，仪器通过支架固定于小艇底部，小艇以3节左右的航速低速行进，沿礁坡布设测线展开现场探测，仪器量程设置为120m。同时，在侧扫声呐垂直线上连接国产中海达K3型信标机进行航迹实时定位测量。此外，小艇底部另外布设有中海达HD-370型单频测深仪，同步开展水深测量。在该珊瑚礁西侧礁坡区的调查中，从侧扫声呐影像上发现有类似水下沉船的物体，故特别设置垂直礁坡的测线对沉船进行探测，获得礁坡水下沉船区域的侧扫声呐数据。在完成侧扫声呐探测作业后，在沉船位置派潜水员下潜，根据侧扫声呐的探测定位，潜水员可以准确地找到沉船。

通过现场侧扫声呐的探测，发现了南海某珊瑚礁西侧礁坡区的沉船，并基于侧扫声呐影像开展了沉船区地形地貌的定量反演和三维重建。通过侧扫声呐数据转换、影像生成和海底线识别，水体影像去除，影像增益补偿和沉船阴影去除，斜距校正和地理坐标转换，地形反演和三维重建等一系列操作，获得了沉船区的地形地貌特征，如图6.1所示。结果显示，沉船区表现为典型的礁坡地貌形态，可划分为两级阶地和两级斜坡，沉船呈EES-WWN走向坐底于第二级阶地之上，沉船排水量约为500～600吨。

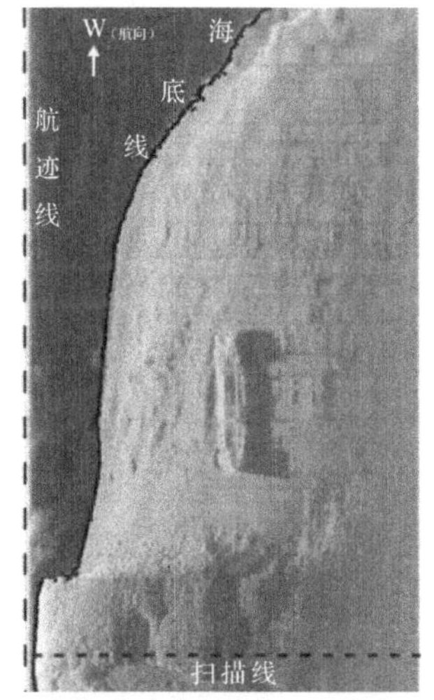

（a）侧扫声呐数据转换、影像生成和海底线识别

（b）水体影像去除

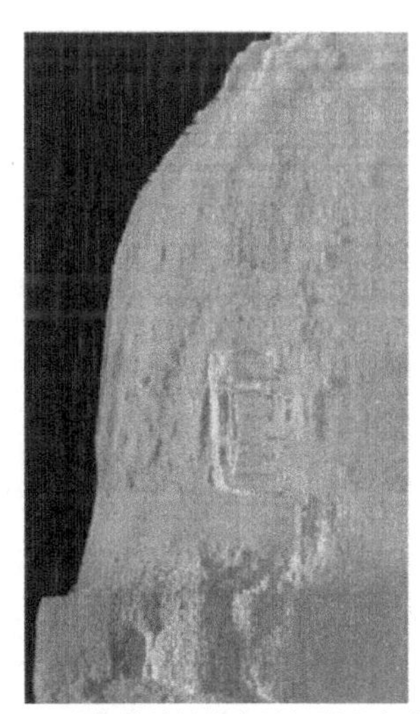
（c）影像增益补偿和沉船阴影去除

图6.1 珊瑚礁沉船区侧扫声呐影像

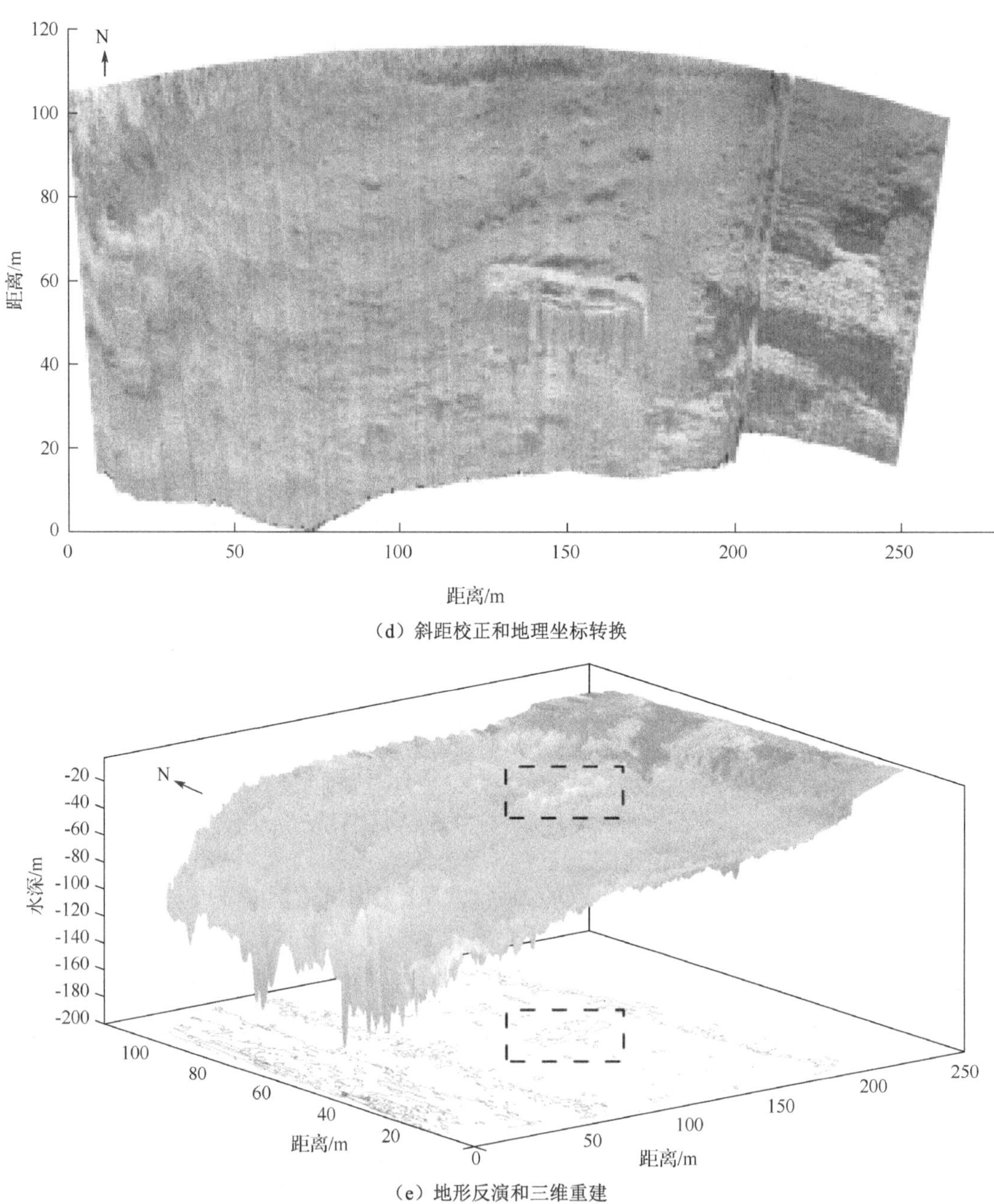

（d）斜距校正和地理坐标转换

（e）地形反演和三维重建

图 6.1 珊瑚礁沉船区侧扫声呐影像（续）

测深侧扫声呐通常安装在潜水器的两侧，测深声呐通过测量海底深度信息获取潜水器两侧海底的地形（高低起伏），侧扫声呐通过感知海底反射声波来获取海底的地貌（如判断主要成分是岩石还是淤泥、是否有矿），两者结合起来就可以获得潜水器两侧海底的微地形地貌，以及海底和水中的目标，探测距离达 200～300m。“蛟龙”号曾在 7000m 海底获取海底微地形地貌图，对深海条件下的地形地貌进行了有效的测量。

EdgeTech 4125i 侧扫声呐系统如图 6.2 所示。

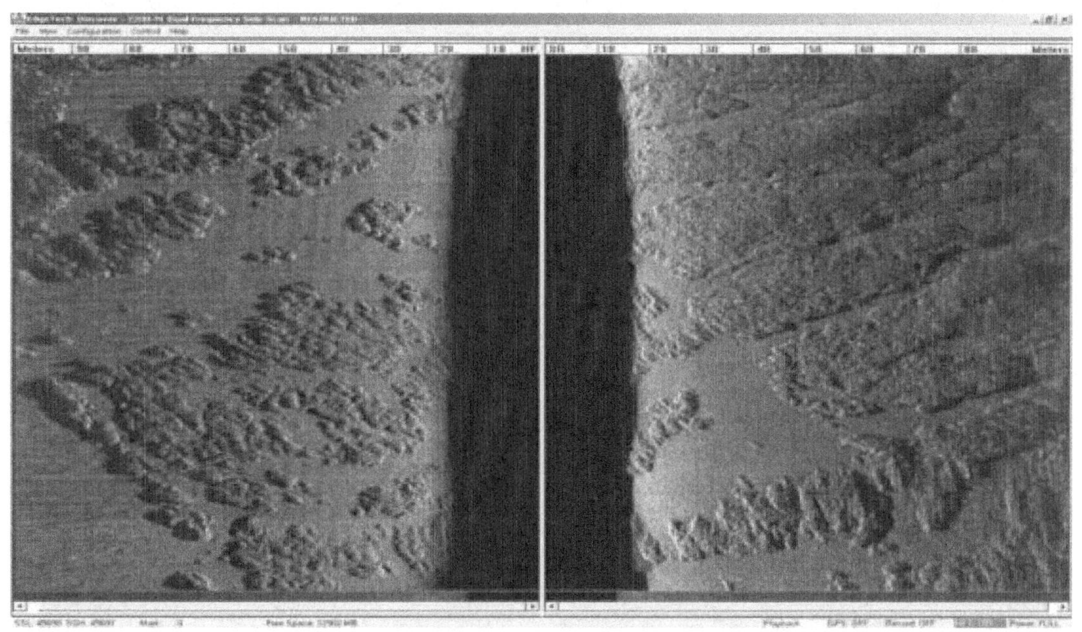

图 6.2　EdgeTech 4125i 侧扫声呐系统

主要技术指标：

① 频率（双组合可选）：400/900kHz 或 600/1600kHz。

② 作用距离：150m（400kHz），75m（900kHz），120m（600kHz），35m（1600kHz）。

③ 水平波束角：0.46°（400kHz），0.28°（900kHz），0.33°（600kHz），0.20°（1600kHz）。

④ 垂直波束角：50°。

⑤ 垂向分辨率：2.3cm（400kHz），1.0cm（900kHz），1.5cm（600kHz），0.6cm（1600kHz）。

6.1.2　合成孔径声呐

合成孔径声呐（Synthetic Aperture Sonar，SAS）是一种利用合成孔径技术的侧扫式主动成像声呐。与侧扫声呐相比合成孔径声呐图像具有更高的径向分辨率，且与距离无关。装备有高、低频换能器的合成孔径声呐可同时获得高、低频合成孔径声呐图像，可以清晰地呈现海底的地形地貌，以及海床下一定深度的目标，可全面地反映管线的分布。合成孔径声呐的作业模式与侧扫声呐相同。目前合成孔径声呐正在向小型化发展，测量技术和性能不断完善。我国的合成孔径声呐技术与国外基本处于同级，自主生产的产品已经投入实际应用。合成孔径声呐数据处理研究进展主要表现在条带图像的快速生成、处理、拼接，大区域地貌图像生成，高、低频图像融合，以及基于合成孔径声呐图像的目标探测和识别方面。

合成孔径声呐是一种新型高分辨率的水下成像声呐。合成孔径声呐的基本原理是利用小尺寸基阵沿空间做匀速直线运动来模拟大孔径基阵，在运动轨迹中按位置顺序发射并接收回波信号，根据空间位置和相位关系对不同位置的回波信号进行相干叠加处理，从而形成等效的大孔径，获得沿运动方向（方位向）的高分辨率。

合成孔径声呐目前面临的关键核心技术包括水声信道及物体散射问题、基阵平台稳定技术、高精度测量技术、多子阵快速成像技术、基于传感器和原始回波数据的联合运动补偿技术、自聚焦技术、信息调理和采集一体化技术和大功率发射机技术。

苏州桑泰海洋仪器研发有限责任公司生产的合成孔径声呐如图 6.3 所示，其性能指标如表 6.1 所示。

图 6.3 苏州桑泰海洋仪器研发有限责任公司生产的合成孔径声呐

表 6.1 苏州桑泰海洋仪器研发有限责任公司生产的合成孔径声呐的性能指标

项目	指标
频率	90～130kHz
方位向分辨率/距离向分辨率	0.08m/0.05m
最大成像距离	400m
最大工作航速（成像距离）	15kn（75m）；6kn（200m）

6.1.3 多波束声呐

多波束测深系统是一种可以同时获得数十个相邻窄波束的回声测深系统，一般由窄波束回声测深设备（包括换能器、测量船摇摆的传感装置、收发机等）和回声处理设备（包括计算机、数字磁带机、数字打印机、横向深度剖面显示器、实时等深线数字绘图仪、系统控制键盘等）两大部分组成。多波束测深系统主要用于海底地形测量、扫海测量和海上施工区域的测量。装在测量船上的多波束测深系统，每发射一个声脉冲，就可以获得船下方的垂直深度，同时获得与船的航迹相垂直的面内的几十个水深值，从而可以实时绘出海底地貌图。通过船上计算机对各种数据的处理，可由实时等深线数字绘图仪绘出等深线图，精确测定航行障碍物的位置、深度。从 20 世纪 60 年代初开始，世界各国的研究机构和声呐设备生产商先后研制了多种类型的多波束测深系统，最大工作深度为 200～1200m，横向覆盖宽度可达深度的 3 倍以上。

多波束测深系统的工作原理是利用发射换能器阵列向海底发射宽扇区覆盖的声波，利用接收换能器阵列对声波进行窄波束接收，通过发射、接收扇区指向的正交性形成对海底地形的照射脚印，对这些照射脚印进行恰当的处理，一次探测就能给出与航向垂直的面内上百个甚至更多的海底被测点的水深值，从而能够精确、快速地测出沿航线一定宽度内水下目标的大小、形状和深度，比较可靠地描绘出海底地形的三维特征。

多波束声呐是一种对海底进行精确测量的设备，它能否实现精确测量取决于它的核心技术，即信号处理系统。从声呐研制的角度来看，多波束声呐关键技术有超宽覆盖技术、复杂信号处理技术、动态聚焦技术、波束控制技术和精细测量技术。

国外致力于从信号处理角度提高多波束声呐的效率和分辨率，如高分辨率技术、调频（FM）技术、宽覆盖技术等。在硬件条件不易突破的情况下，改进多波束声呐的信号算法是国外的发展趋势。我国的海底地貌勘探设施起步时间较晚，发展速度很慢，多波束声呐的种类和类型远远少于国外，虽然已突破关键核心技术，但是在技术水平和制造工艺上与国外仍有很大的差距，目前国内使用的多波束声呐多为国外进口。国内外技术相对领先的公司及产品包括：ELAC 公司 SeaBeam 系列多波束测深系统、SONIC2026 宽带超高分辨率多波束测深仪、海卓 MS400P（小精灵）多波束测深仪等。

中国科学院海洋研究所曾将多波束测深系统 R2Sonic 2024 应用于北部湾某单点系泊（SPM）海底输油管道的外检测，以海管路由为中心，平行管道路由方向，均匀布设多波束声呐和侧扫声呐测线（Z_i）；垂直于管道路由方向，布设浅地层剖面横向测线（SBP_i）。为保证测线的调查质量，每条测线应适当提前上线、延迟下线。为查明单点系泊管汇区的地形地貌特征，可围绕单点系泊布设环形测线（S_i），海底管道调查测线布设示意图如图 6.4 所示。

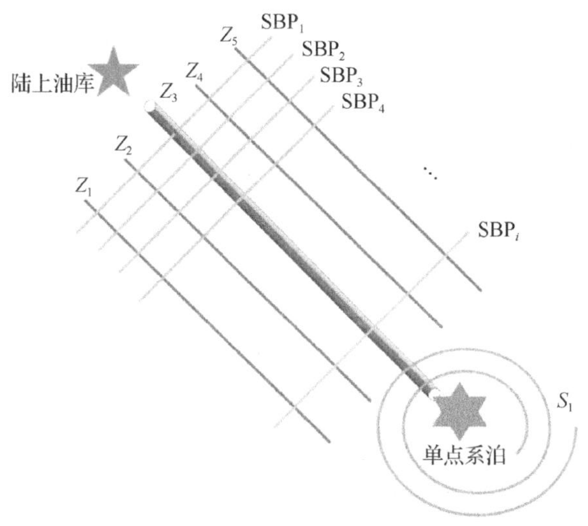

图 6.4　海底管道调查测线布设示意图

多波束测深系统 R2Sonic 2024 的频率为 200～400kHz，频率在线连续可调；波束数目为 256 个，覆盖宽度在 10°～160°且连续可调；最大测深量程达 500m，可完全满足海底管道调查过程中的水深、海底地形图的测量精度要求。图 6.5 清晰展示了多波束测深系统在海底管道路由区的调查效果。多波束测深系统调查结果表明，在北部湾某单点系泊海底输油管道系统中，自登陆点至单点系泊的管道路由调查区，海底地形整体平坦、水深没有很大的变化，同时还反映出管沟、土垅、锚链沟、礁石等人工和自然地貌类型。在近岸登陆段，受潮流、人工开挖管沟的影响，海底地形起伏，凹凸不平，表现为崎岖海底地形，如图 6.5（a）所示；在中间段，海底地形平坦，海底管道基本处于埋藏状态，如图 6.5（b）所示；在近单点系泊处，在管沟一侧发现有未回填管沟形成的高土垅，如图 6.5（c）所示。此外，在锚链的影响下，海底底部形成了数条锚沟，海底地形局部有较大起伏变化，如图 6.5（d）所示。

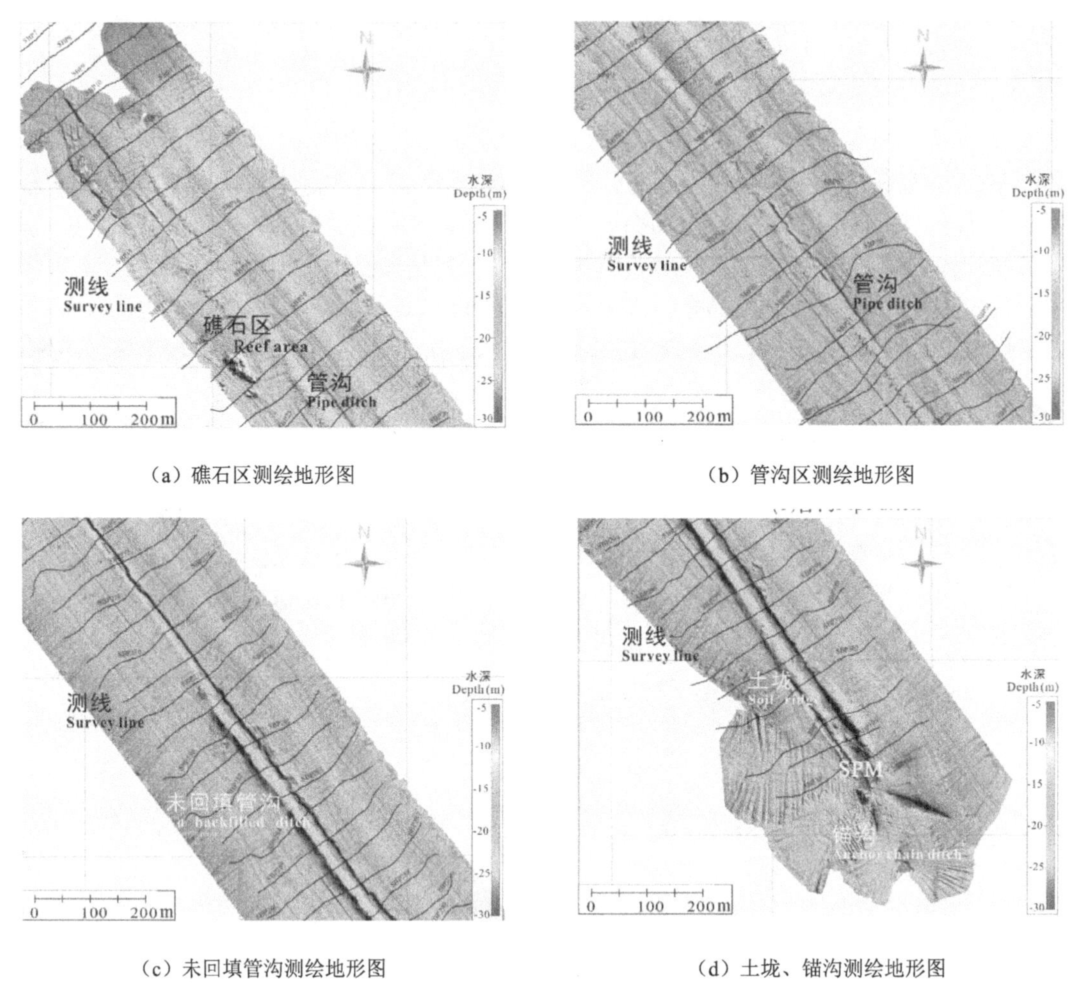

（a）礁石区测绘地形图

（b）管沟区测绘地形图

（c）未回填管沟测绘地形图

（d）土垅、锚沟测绘地形图

图 6.5　海底管道调查测绘图

上述对多波束测深系统 R2Sonic2024 的应用表明了该系统主要用于海底地形的测量，能够方便地获取海底管道路由区及平台区的水深地形资料，宏观反映海底管道走向、出露或悬空管道特征。

6.1.4　浅地层剖面仪

浅地层剖面探测是一种基于海洋声学原理的连续走航式探测水下浅地层结构和构造的地球物理探测方法。浅地层剖面仪（Sub-bottom Profiler）又称为浅地层地震剖面仪，是在超宽频海底剖面仪的基础上改进而成，是利用声波探测浅地层剖面结构和构造的仪器设备。以声学剖面图反映浅地层的组织结构，具有很高的分辨率，能够经济、高效地探测海底浅地层剖面的结构和构造。

地层剖面探测基于声波穿透地层剖面后的反射和散射特性。反射特性用于确定地层剖面的分层结构；散射特性用于反演地层介质的物理性质。目前主要用取样分析和仪器测量相结合的方法确定介质的物理性质，利用经验公式确定分层的厚度。穿透深度和分辨率是探测技术要解决的一对矛盾。地层剖面仪广泛应用于水下工程底质和地质环境的调查和勘测。

浅地层剖面仪是在测深仪的基础上发展起来的，只不过其发射频率更低，声波信号穿透水体抵达水底后可向水底以下的更深层穿透，结合地质研究，可以探测到海底以下浅地层的结构和构造情况。浅地层剖面探测在地层分辨率（一般为数十厘米）和地层穿透深度（一般为近百米）方面有较好的性能，并可以任意选择扫频信号组合，现场实时设计调整工作参量，可以在航道勘测中测量海底浮泥厚度，也可以勘测海上油田钻井平台的基岩深度。浅地层剖面仪按采用的技术不同主要分为压电陶瓷式、声参量阵式、电火花式和电磁式四种。其中，压电陶瓷式浅地层剖面仪又分为固定频率和线性调频两种；电火花式浅地层剖面仪主要利用高电压在海水中放电产生声音的原理进行勘探；声参量阵式浅地层剖面仪利用差频原理进行水深测量和浅地层剖面勘探；电磁式浅地层剖面仪通常多为各种不同类型的轰鸣器（Boomer），其穿透深度与分辨率适中。

浅层剖面仪的核心技术分为三个阶段：早期的脉冲调制信号技术，这一技术无法满足海底地质探测中大穿透深度和高分辨率的要求；随后发展的线性调频信号技术，使探测的分辨率大大提高；20 世纪末出现了参量阵技术，在高频电压驱动的同时向海底发射两个频率接近的高频声学脉冲信号作为主频，这两个主频声学脉冲信号在水体中传播时，会出现差频效应，产生一系列的二次频率。参量阵技术相比于线性调频信号技术具有更高的分辨率，特别是针对深水作业，参量阵浅地层剖面仪横向分辨率明显高于线性调频浅地层剖面仪。因此，宽带扫频技术、资料后处理技术、拖缆设计及具有高分辨率成像能力的参量阵技术等是浅地层剖面仪的关键核心技术。

国内外技术相对领先的公司及产品包括 EdgeTech 3300 浅地层剖面仪、国产 DYW-4K-SOUNDING 型浅地层剖面仪。

浅地层剖面探测技术作为一种新型淤积测量方法，与传统测量方法相比，获取的数据经过处理后可得到连续淤泥层厚度分布，从而可以对淤泥层层位进行有效划分，能够准确探测淤泥厚度和覆盖范围，适用于大面积水域作业。这种技术既保证了淤泥测量的精度，又大大节约了人力物力成本。

长江中游水文水资源勘测局曾利用浅地层剖面仪对善溪冲水库进行了测量，其淤泥厚度分布如图 6.6 所示。善溪冲水库位于湖北省宜昌市高新区白洋镇朱家冲村，大坝位于长江水系善溪大冲，是一座以城市供水为主、灌溉为辅、兼顾防洪等综合利用的中型水库枢纽工程。水库总库容为 2019 万立方米，兴利库容为 138 万立方米，调洪库容为 389 万立方米，死库容为 250 万立方米。水库作为水源地，坝后建有设计规模为日供水 15 万吨的供水管道，主要承担宜昌市猇亭区、高新区白洋镇居民的生活供水任务。水库年引水量达 1200 万立方米以上，供水量达 1600 万吨以上。由于善溪冲水库重要的地理位置和巨大的综合效益，摸清其淤泥淤积形态和库容的变化情况，制定工程治理措施，对于水库的防洪度汛和正常运行意义重大。

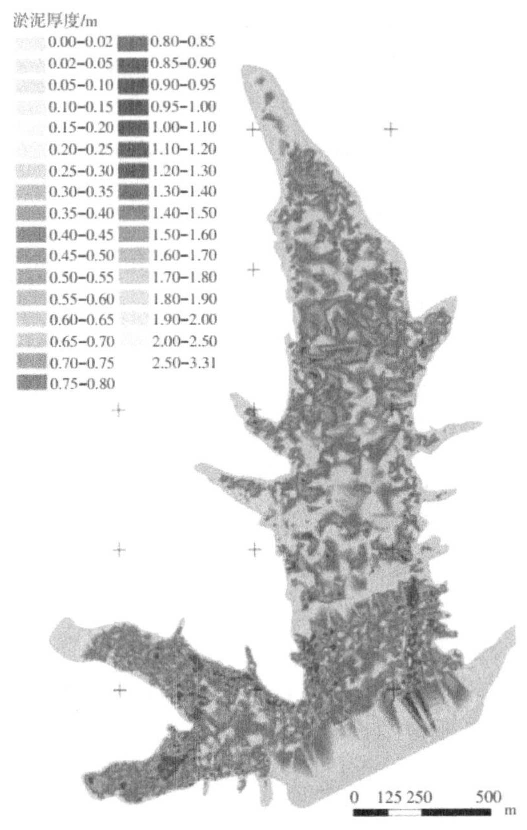

图 6.6 善溪冲水库淤泥厚度分布

“向阳红 01”科考船曾利用船载浅地层剖面仪在某海域进行实验，设置激发频带为 2.0～6.0kHz，时长信号为 10ms，采样频率为 36kHz，船载浅地层剖面仪的数据剖面如图 6.7 所示。

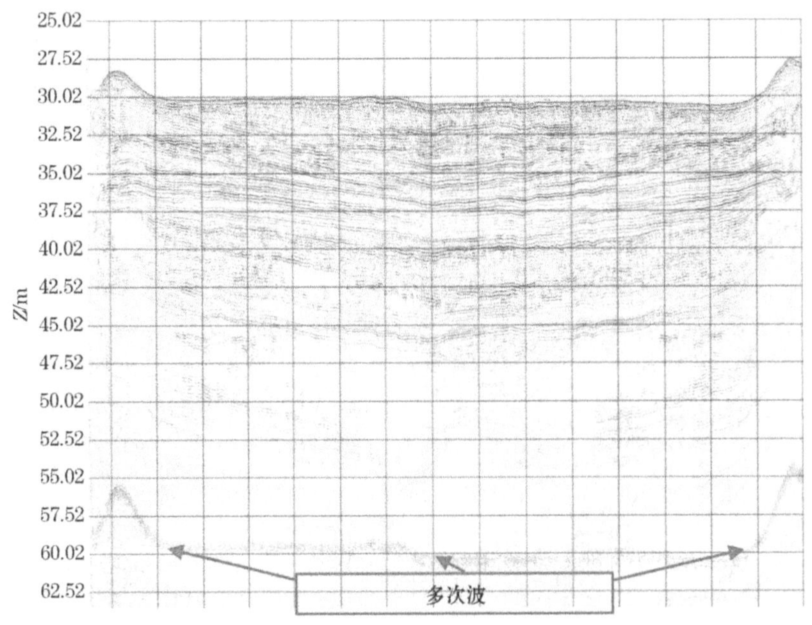

图 6.7 船载浅地层剖面仪的数据剖面

EdgeTech 3300 浅地层剖面仪如图 6.8 所示，其性能指标如表 6.2 所示。

图 6.8　EdgeTech 3300 浅地层剖面仪

表 6.2　EdgeTech 3300 浅地层剖面仪的性能指标

换能器排布	波束宽度	工作深度	分辨率	穿透能力
4 个 2～16kHz（2×2）	40°（4.5kHz 时）	300m	6～10cm	粗砂：6m 黏土：80m
25 个 2～16kHz（5×5）	20°（4.5kHz 时）	5000m	6～10cm	粗砂：6m 黏土：80m
3 个 1～10kHz	30°（4kHz 时）	1500m	15～25cm	粗砂：15m 黏土：150m
5 个 1～10kHz	20°（4kHz 时）	3000m	15～25cm	粗砂：15m 黏土：150m

6.1.5　海洋地震勘探技术

海洋地震勘探是利用海洋与海底介质弹性和密度的差异，通过观测和分析海洋和海底对天然或人工激发地震波的响应，研究地震波的传播规律，推断地下岩石层的性质、形态及海洋水团结构的一种探测方法。但是由于海洋这一特殊的勘探环境，海洋地震探测与陆地有所区别，主要表现在定位导航系统、震源激发和对地震波的接收排列方面。在海洋地震勘探中，必须选择精确度较高的导航定位系统。目前来说，主要是采用卫星导航定位、激光定位和水下声呐定位等。现在在海洋地震勘探的导航定位系统中已经发展成一整套专门的技术，可随时确定震源和检波器的精确位置，极大地提高了海洋地震采集的定位精度，改进了地震采集的质量。

海洋地震勘探的特点是在水中激发、水中接收。由于海洋环境的特殊性，震源多采用非炸药震源（包括空气枪震源、蒸汽枪震源、电火花震源等，其中 95%以上采用空气枪震源），接收采用压电地震检波器，一般利用作业船拖着等浮电缆在海上航行，将接收地震波的传感器按一定方式排列分布在拖缆中。工作时，将检波器及电缆拖曳于船后一定深度的海水中。由于上述特点，使海洋地震勘探具有比陆地地震勘探高得多的生产效率，更需要用计算机来处理资料。海洋地震勘探中常遇到一些特殊的干扰波，如鸣震和交混回响，以及与海底有关的底波干扰。海洋地震勘探的原理，使用的仪器，以及处理资料的方法都和陆地地震勘探基本相同。由于在大陆架地区发现大量的石油和天然气，因此，海洋地震勘探有极为广阔的发展前景。海洋地震勘探是在海水中进行人工地震调查的方法，具有四个特点：①多数使用非炸药震源；②水中激发，水中接收，水听器装在船后拖缆（浮缆、电缆、等浮电缆）上；③走航连续记录；④资料由计算机处理，工作效率高。目前已经发展形成了一套完整的水下拖缆地震波数据采集系统。海洋地震勘探与陆地地震勘探相比，还具有勘探效率高、勘探成本低和地震数据信噪比高等优点。

海洋地震勘探是获取海底岩性和构造的主要手段。单道地震剖面可绘制水深图、表层沉积物等厚图和基底顶面等深线图；多道地震剖面可绘制区域构造图和大面积岩相图。上述技术手段在海洋油气资源勘探、海洋工程地质勘查和地质灾害预测等方面得到了广泛应用。

（1）海底地震仪。海底地震仪是为了在海底观测地震及其他地壳构造事件引起的微振动而设计的地震仪。用计算机把体波和面波记录根据远震走时残差和近震资料进行三维层析反演成像，不仅可以解决图像识别问题，还可以给出海底地层结构的伪彩色图像。由于潜标方式的海底地震仪的时钟系统由其内置的高精度时钟控制，降低时钟漂移是系统的核心技术。便携式海底地震仪如图 6.9 所示。

图 6.9　便携式海底地震仪

主要技术指标：

① 仪器耐压水深：6000m。

② 通道数：四通道（三分量速度检波器，一通道水听器）。

③ 地震检波器频带：1～200Hz。

④ 水听器频带：0.01～5kHz 或 2～30kHz。

（2）海底节点（Ocean Bottom Node，OBN）。节点式海底地震仪同时装载水、陆双检波器，记录海底地震数据的采集节点，可以连续采集数据数月，可很好地与海底地层进行耦合，极大地提高了数据的矢量保真度。

由于没有供电与通信电缆与节点式海底地震仪相连接，增加了节点式海底地震仪的生产成本、体积和质量，无法对投放在海底的节点式海底地震仪进行定位，无法实时监测节点式海底地震仪的工作状态，无法实时传输节点式海底地震仪采集的数据（节点式海底地震仪只能进行盲采）、无法给在海底工作的节点式海底地震仪进行授时，它们只能依靠价格昂贵的原子钟芯片给自身授时，长期在海底工作的原子钟芯片会由于时钟漂移而带来授时误差。GOBS-S10-300Z 节点式海底地震仪如图 6.10 所示。

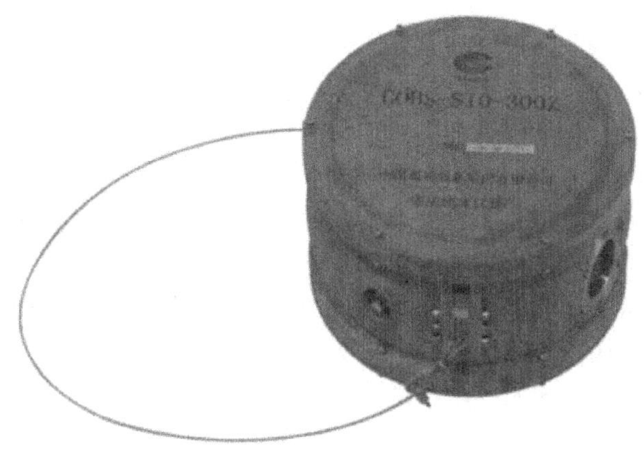

图 6.10 GOBS-S10-300Z 节点式海底地震仪

主要技术参数：

① 仪器耐压水深：1500m（可定制，如 G100、G700、G1000、G2000 等）。

② 通道数：四通道（三分量速度检波器，一通道水听器）。

③ 连续工作时长：30 天。

④ 检波器频带：1～300Hz。

⑤ 内置高精度时钟：OCXO，0.01 PPM（4℃）。

6.2 海洋重力探测技术

海洋地球物理勘探简称海洋物探，是为了探明海底资源的种类、储量和分布，对海底资源，尤其是海底矿产资源进行取样、观察和分析的过程。通过地球物理勘探方法研究海洋和海洋地质是海洋探测的新方法之一。

海洋重力探测也可称为海洋重力测量。海洋重力探测是测量与围岩有密度差异的地质体在其周围引起的重力异常，以确定这些地质体存在的空间位置、大小和形状，从而对目标地区的地质构造和矿产分布情况做出判断的一种地球物理勘探方法。海洋重力探测是对仪器测得的原始数据引入各项校正计算重力异常的过程。观测重力值在引入必要的校正后与正常重力值的偏差称为重力异常。校正的项目很多，但可归结为两类：一类是为得到观测重力值所做的校正，如厄特沃什校正、零点漂移校正、绝对重力值等；另一类是为得到重力异常所附加的校正，如自由空间校正、布格校正、地形校正、均衡校正和正常场校正。

地球上的一切物体都要受到地心引力和地球自转时所产生的惯性离心力的作用。两者的向量和即重力。重力测量即测定地球上的重力加速度（重力测量中，习惯以单位质量的质点所具有的质量定义为重力加速度）或其增量。从理论上讲，海洋重力探测主要是查明地球质量中的那些异常质量（或称为地质质量）的分布状况，而异常质量仅是地球质量的极小部分，产生的重力异常不过是全部重力的百万分之几，因而要求重力测量仪器必须有足够的灵敏度和很高的精确度。

海洋重力探测技术较陆地测量更为复杂。调查船在风、海流、浪涌和潮汐的作用下，随着海洋表面水体做周期性或非周期性的运动。由于船只的这种运动发生的纵倾和横摇，以及航速和航向的偏差，都对船上重力仪附加相当强的水平干扰加速度和垂直干扰加速度，使得海洋重力探测从原理、仪器到观测方法都表现出一定的特殊性。

船上重力仪是海洋重力探测的主要设备，是在船只行进过程中连续测量重力加速度相对变化的仪器。船只的水平干扰加速度和垂直干扰加速度，以及震动等对仪器都有很大的影响。此外，船向东航行时，船速增大了作用在重力仪上的地球自转向心加速度，而向西航行时，船速减小了地球自转向心加速度。这种导致重力视变化的作用称为厄缶（厄特沃什）效应。这个效应的大小与航向、航速和船只所处的地理纬度有关。克服和消除上述各项干扰始终是提高观测精度的关键。

海洋重力探测的方式有：用海洋重力仪在船上进行连续重力测量；用海底重力仪进行定点观测；用海洋振摆仪在船上或潜艇内进行定点观测。第三种方法的效率较低，精度也较差。目前主要采用前两种方法。海洋重力探测测量的是海区的重力加速度。海洋重力探测技术的进步，以及重力成果的广泛使用越来越证明海洋重力数据在大地测量学、地球科学、海洋学、航天技术的研究和军事上的重要意义。大量的重力测量数据，可以求得大地水准面的形状。现在陆地重力数据比较充分，海洋重力数据不足，而且海洋面积大，一旦有了充分的海洋重力数据，就可得出较精确的全球大地水准面的形状，这对海洋探测本身，以及研究地球形状都是非常必要的。海底具有不同密度的地层分界面，这种界面的起伏会导致重力的变化。因此，通过对各种重力异常的解释，包括对某些重力异常的分析和延拓，可以取得地球形状、地壳构造和沉积岩层中某些界面的资料，进而解决大地构造、区域地质方面的难题，为寻找矿产提供依据。

6.2.1 海洋重力仪

海洋重力仪是指在舰船上或潜水艇内使用的重力仪。它由重力传感器、陀螺平台、电子控制机柜等组成。在匀速直线航行的条件下，连续进行重力测量，由于仪器安放在运动的船体上，受到垂直加速度、水平加速度及基座倾斜的影响很大。

当前海洋重力仪系统主要由海洋重力传感器、陀螺平台、惯性平台、电子检测控制系统、上位机系统等组成。其中，摆杆型海洋重力仪易受交叉耦合效应的影响，并会引起±(5～40)mGal 的测量误差。同时，这类重力仪往往需要配备附加装置，用于测量重力敏感器上干扰加速度的水平分量和垂直分量，对测量的重力加速度的值进行修正和补偿，但即使这样也无法完全消除交叉耦合效应给摆杆型海洋重力仪造成的误差。轴对称海洋重力仪，消除了交叉耦合效应，实现了哈里森补偿，使海洋重力仪的发展有了极大的突破。但是此种仪器对温度变化敏感，气温骤变会引起重力仪读数掉格且无法恢复（零点漂移）。

LaCoste 摆杆式海洋重力仪是根据立式地震仪原理设计的，如图 6.11、图 6.12 所示，LaCoste 摆杆式海洋重力仪传感器中的摆杆为近似于水平放置的横杆，它可以绕水平轴旋转。横杆的另一端斜挂着一根弹簧，弹簧的上端连接着测微螺旋。通过改变弹簧端点的位置，改变弹簧的张力，来平衡重力对摆杆的作用。空气阻尼器对摆杆产生高阻尼，以降低垂直附加加速度对重力测量的影响。

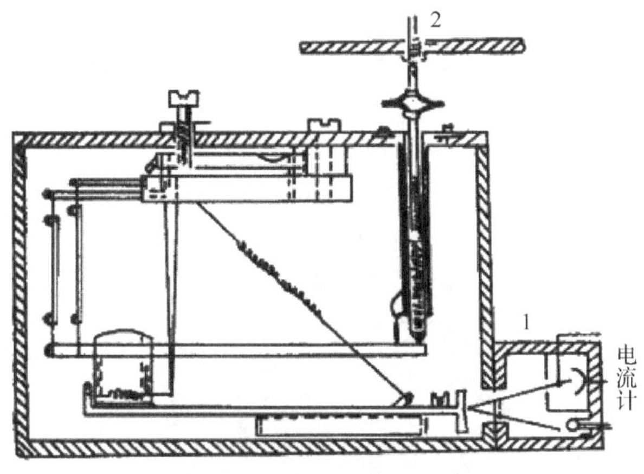

1—修正回路；2—稳定回路。

图 6.11　LaCoste 摆杆式海洋重力仪结构图

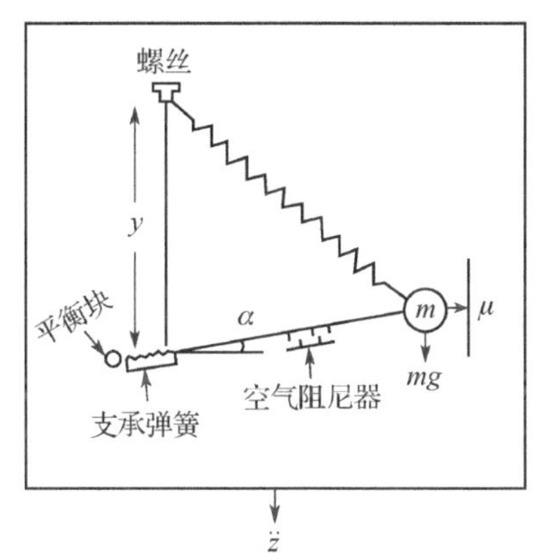

图 6.12　LaCoste 摆杆式海洋重力仪原理图

读数方法采用零位读数法，即先利用测微螺旋使重力摆回复到平衡位置（零位），再读取测微螺旋的数值。该数值经处理后可以换算为重力差。由计算机消除了水平加速度的影响并进行二次项改正，且对垂直附加加速度进行滤波和交叉耦合改正。当观测值送到计数器后，即可在重力读数器上读出经过各项改正和滤波后的重力值。

读数是自动记录的，摆杆的前端装有反光镜，由光源射出的光线通过反光镜反射到光电管上。当横摆在零位时，射在光电管感光面上的光量正好使连接在线路上的电流计的指针指在零位。如果横摆偏离零位，则电流计中的回路产生电流，从而推动测微螺旋，调节辅助弹簧的扭力使摆回复到零位。在海洋上进行重力测量时摆杆的位置是不稳定的，因此，上述调节工作是连续不断进行的。

LaCoste 摆杆式海洋重力仪的陀螺平台的修正回路和稳定回路由水平加速度计、陀螺仪、伺服放大器、力矩马达和陀螺进动装置等部件构成。两个水平加速度计起长周期水平仪的作用，成为两个陀螺仪的基准，修正陀螺漂移，并且可以进行交叉耦合改正计算。伺服放大器驱动力矩马达使陀螺平台成为一个回转罗盘，并始终保持向北，成为惯性导航系统。三个陀螺仪和两个水平加速度计的输出值用来计算厄缶效应改正值。

LaCoste 摆杆式海洋重力仪除了重力传感器和陀螺平台，还包括电子控制单元和记录单元，既可模拟输出，也可用磁带或打印机输出数字形式的结果。

美国 MGS-6 型海洋重力仪如图 6.13 所示，其性能指标如表 6.3 所示。

图 6.13　美国 MGS-6 型海洋重力仪

表 6.3　美国 MGS-6 型海洋重力仪的性能指标

组　件	项　目	指　标
传感器	全球测量范围	±500 000mGal
	零点漂移	3 mGal/m
	温度设定	45～65℃
稳定平台	平台纵摇	±35°
	平台横摇	±35°
	平台周期	4～4.5min

6.2.2　海底重力仪

海底重力仪是将重力仪密封沉放到海底，通过遥控、遥测装置进行重力测量的仪器。海底重力仪用于海湾和浅海陆架地区，配合其他的地球物理勘探方法进行以石油为主的矿产资源的普查勘探。海底重力仪受风浪、船体震动的影响较小，测量精度高于海洋重力仪。

与船载海洋重力仪相比，海底重力仪受风浪、船体震动的影响较小，但是其测量精度容易受底流、微震、海底底质硬度、平面定位精度和高程定位精度等因素影响，一旦海水涌动，海底重力仪就会产生轻微的移（晃）动，使其读数速度和读数稳定性变差，尤其是台风过后或者洋流较大的海域，对仪器的稳定有较大的影响。随着浅海重力探测工作逐渐向远海域拓展，遇到较大洋流的可能性越来越大，能否提高海底重力仪在海底的稳定性，将直接影响数据采集的速度（效率）和数据质量。

INO 型海底重力仪如图 6.14 所示。

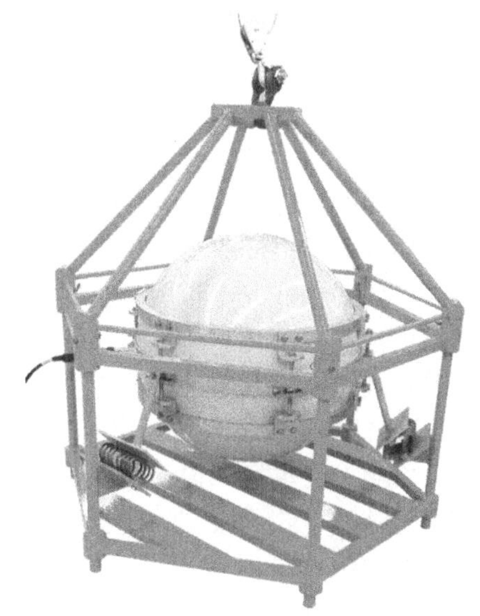

图 6.14 INO 型海底重力仪

主要技术指标：

① 标准重复性：<5μGal。

② 读数分辨率：1μGal。

③ 测量范围：8000mGal。

④ 自动倾斜补偿：±200″。

⑤ 自动水平保持：<36°（相对水平面）。

⑥ 自控水平精度：<50″。

⑦ 工作深度：600m。

⑧ 垂直深度精度：0.01m。

6.3 海洋磁力探测技术

海洋磁力探测是海洋地球物理调查方法之一，以海底岩层具有不同的磁性并产生大小不同的磁场为工作原理，在海上进行地磁场的测定。早期勘测使用过饱和式磁力仪，更多的是使用核子旋进磁力仪、光泵磁力仪、海上梯度仪等连续测量地磁场总向量的绝对值，用三分量磁力仪测量地磁场的三个分量。

在海面上通过磁力仪测量地磁强度的方法是以岩层的磁性差异为前提，根据磁异常场的特征及分布规律，了解海底岩层的磁性不均匀性，进而推断地壳结构和构造、海底生成和演变历史，以及勘查大陆边缘地区的矿产分布。海洋磁力探测可分为面积测量和路线测量。在大陆架区石油普查中，为查明区域构造和局部构造的特征，一般采用面积测量；在大洋中，多采用宽间距的路线测量和小范围的面积测量，以查明条带状磁异常的展布方向和磁性海山的磁场特征。海洋磁力探测大多使用质子旋进磁力仪。质子旋进磁力仪测量总地磁强度 T，包括均匀磁化球体引起的磁场、大陆异常、区域异常、局部异常、船磁场影响和日变磁场影响。为了得到反映地壳上部结构和构造的磁场异常，对观测值须进行正常场校正、船磁校正和日变改正。在测量时，为避免船体航行对仪器的影响，以及波浪的干扰等，仪器探头要密封，并放置在海面下一定深度的海水中。它对研究地磁场及其变化、海洋地质构造、矿产预测和国防建设都具有重要意义。

地磁日变观测站应选设在平静磁场区，日变的基线值取海上工作前某天（静磁日）24 小时的平均值。根据观测值做出日变曲线，供日变改正用。为消除船体感应磁场和固定磁场对传感器的影响，除了加长拖曳电缆，还要进行方位测量，测量值经日变改正后，得出方位曲线，供船磁校正用。由于不同纬度地区的磁倾角不同，同一艘船在不同纬度地区的方位曲线也不相同。因此，应尽量采用与被测区纬度相近地区所做的方位曲线。

（1）质子磁力仪（Proton Precession Magnetometer）。质子磁力仪利用静态激发质子在地磁场内的拉莫尔进动效应测量磁场，由操控台主机和传感器探头两部分组成。为了提高仪器的性能，就要从理论上研究如何获得高精度、高灵敏度的质子磁力仪，以及影响各项性能参数的因素。加拿大 GSM-19 质子磁力仪如图 6.15 所示。

图 6.15　加拿大 GSM-19 质子磁力仪

主要技术指标：

① 灵敏度：0.05nT。

② 分辨率：0.01nT。

③ 绝对精度：±0.2nT。

④ 动态范围：20 000～120 000nT。

⑤ 采样率：3～60s（可选）。

⑥ 温漂：0.0025 nT/℃（-40～0℃）；0.0018 nT/℃（0～+55℃）。

（2）光泵磁力仪（Optical-Pumping Magnetometer）。光泵磁力仪是以元素氦、汞、氮、氢，以及碱金属元素铷、铯的原子在外磁场中产生的塞曼分裂为基础，采用光泵和磁共振技术研制成的磁力仪。要提高光泵磁力仪的稳定性和可靠性，重点是改进光泵灯的制作工艺，降低仪器噪声，充分考虑一体化设计，从干扰源、传输通道及接收通道等方面加以解决。GB-6A 型拖曳式海洋氦光泵磁力仪如图 6.16 所示。

图 6.16　GB-6A 型拖曳式海洋氦光泵磁力仪

主要技术参数：

① 测量范围：35 000～70 000nT。

② 定深特性：航速为 4～6kn 时，拖体入水深度为 0～50m。

③ 拖缆长度：100m。

习题

1. 简述侧扫声呐的工作原理。
2. 简述合成孔径声呐的工作原理。
3. 简述多波束声呐的工作原理。
4. 什么是海洋物探？
5. 简述海洋重力探测的基本原理。
6. 简述质子磁力仪的工作原理。
7. 简述光泵磁力仪的工作原理。
8. 简述海底地震仪的工作原理。

参考文献

[1] 卢亮. 三维成像声呐成像算法仿真研究[D]. 哈尔滨：哈尔滨工程大学，2010.

[2] 刘纪元.合成孔径声呐技术研究进展[J]. 中国科学院院刊，2019，34（03）：283-288.

[3] 中国人民解放军海洋环境专项办公室. 国内外海洋仪器设备大全[M]. 北京：国防工业出版社，2015.

[4] 北京地质仪器厂. CZM-4 型质子磁力仪[J].地质装备，2010，11（02）：42.

[5] 修睿，郭刚，薛正兵，等. 海空重力仪的技术现状及新应用[J]. 导航与控制，2019，18(01)：35-43.
[6] 吴时国，张健，等.海洋地球物理探测[M]. 北京：北京科学出版社，2017.
[7] 许幼成. 海洋重力仪精确测量研究及测控平台开发[D]. 杭州：浙江大学，2011.
[8] 李平，杜军. 浅地层剖面探测综述[J]. 海洋通报，2011，30（03）：344-350.
[9] 吴治国，刘洪波，臧凯，等. 海底重力测量精度的影响因素及评价方法[J]. 华北地震科学，2020，38（02）：1-8.
[10] 何玉海，臧凯，胡蕾，等. 一种浅海海底重力仪稳固装置：CN202020163246.1[P]. 2020.
[11] 郝天珧，游庆瑜. 国产海底地震仪研制现状及其在海底结构探测中的应用[J]. 地球物理学报，2011，54（12）：3352-3361.
[12] 张彬彬，赵国兴，吴永亭，等. 浅地层剖面仪噪声特征分析及采集参数优选[J]. 海洋科学进展，2020，38（03）：455-462.

第 7 章

海洋观测平台技术

根据观测需求，需要对多种海洋仪器和设备进行系统集成，对海洋进行观测的海上、空间载体称为海洋观测平台。海洋观测平台就是用于安装对海洋进行观测的传感器和仪器设备的平台。常见的海洋观测平台有卫星、航天器、海上固定平台、浮标、潜标、无人艇、海床基、水下无人艇、AUG、拖曳平台、风帆无人船、波浪能滑翔器、自动海洋台站、船舶气象仪等。按照观测形式不同，海洋观测平台可分为海洋定点观测平台、海洋移动观测平台和海底观测网三种类型。

近年来，国家重点研发计划、国家自然科学基金、国家重大科研仪器研制项目对海洋观测平台的研制提供了大力的支持。重点解决了浮标、水面无人艇、水下机器人、AUG、拖曳平台等技术的开发与产品的研制。

7.1 海洋定点观测平台

海洋定点观测平台是指安装部署在海上某一指定地点，实现对该点及其相邻海域相关参数连续观测的集成系统。海洋定点观测平台包括自动海洋台站和采用锚固定的海上观测平台，通过搭载的水文气象传感器获取观测数据，广泛应用于海洋水文气象观测、溢油检测、船舶航行等领域，是目前海上观测应用历史最长，应用面最广的观测系统之一。

7.1.1 海洋浮标

1. 简介

海洋浮标通常称为海洋环境监测浮标或水文气象浮标，是用于获取海洋水文、气象等数据的锚定式水面自动观测平台，通过浮标搭载的各类传感器和仪器设备对海洋气象、水文、动力、生态等要素的参数进行测量、存储和通信，具有全天候、全天时稳定可靠地收集海洋环境资料的能力，并能实现数据的自动采集、自动标示和自动发送。海洋浮标与卫星共同构成一个完整的现代化海洋观测系统。正是由于它的这些能力和特点，每年都会有相当大数量的海洋浮标被分散地投放到世界各个海域中，以观测全球海洋环境。海洋浮标是海洋环境现场监测最重要、最可靠、最稳定的手段之一，具备船基设备、海岛站、卫星遥感等其他观测手段不可替代的能力，是海洋经济发展的重要保障，能够在海洋水文气象预报、海洋防灾减灾、海洋资源开发、海上交通、沿海工农业生产、海上军事活动等方面发挥重要作用。

广义的海洋浮标包括浮标、潜标、海床基等。海洋浮标既是观测仪器的载体，又是小型气象站和数据传输平台，它以一种方便经济的形式替代昂贵的船基调查方式。海洋浮标涉及力学理论、系统论、控制论、信息论及传感与检测技术、通信技术、电子技术等多方面的理论及技术，是一个复杂的系统，它可以在各种复杂的海洋环境中提供长期、连续、实时、可靠的海洋观测数据。

目前，按照应用形式可以将海洋浮标分为通用型和专用型。通用型浮标是指传感器种类多、测量参数多、功能齐全，能够对海洋水文、气象、生态等参数进行观测的综合性浮标；专用型浮标是指针对某一种或某几种海洋环境参数进行观测的浮标。按照布放的空间位置不同，海洋浮标可以分为水面浮标和潜标。随着科技的进步和新需求的增加，海洋浮标正朝着综合智能化的方向发展。

2. 发展概述

国外海洋浮标的研制始于第二次世界大战结束。起初它仅用于海洋学专业的研究试验，到了 20 世纪 70 年代，对它的应用已经达到了行业分化使用的程度。20 世纪 80 年代海洋浮标开始成为海洋环境观测的一种常规手段，美国是海洋浮标技术开发较早的国家之一，早在 20 世纪 40 年代末就已经开始研制海洋环境浮标。1982 年，美国成立了国家数据浮标中心（NDBC），它是开展浮标技术研制和应用的主要部门，专门从事浮体锚泊系统、海洋和气象传感器、通信技术、电源系统等方面的研究与应用工作。

我国的海洋浮标观测技术研究与开发，始于 20 世纪 60 年代，主要经历了三个发展阶段。第一阶段是 1965 年—1985 年这 20 年，海洋浮标技术主要处于探索和试验阶段。第二阶段是 1986 年—1990 年，我国在这一阶段研究开发出了真正投入应用的大型海洋浮标。这种浮标分为永久性和临时性两种：永久性浮标相当于海上的固定观测站，承担着按照海洋水文气象预报要求定时提供海上实况资料的任务，不能随意停测和移位；临时性浮标只承担着季节性或专题性任务，在任务完成后即可回收。第三阶段是 20 世纪 90 年代以后，我国在浮标的研发上主要做两方面工作：一是以挖潜、革新、改进为主，进一步提高和完善浮标的技术性能；二是组织并开展对浮标主要技术的应用研究。在这一阶段，我国完成了海洋浮标观测网络的建立。目前，海洋浮标观测技术广泛应用于海洋观测各项任务，正朝着智能感测、智能感知、自主驱动、主动应对、异构组网的方向发展，推动我国浮标观测网络从自动化向智能化的升级换代。

3. 专用型浮标分类

专用型浮标是海洋浮标观测技术水平的体现，也是各国在海洋浮标领域研究、制造、应用方面综合实力、技术水平和创新水平的标志之一。针对特定的应用需求，国外研制了多种专用浮标，代表产品有海洋剖面浮标、海上风剖面浮标、海啸浮标、波浪浮标、海洋光学浮标、海冰浮标、海气通量观测浮标和海洋酸化观测浮标等。

（1）海洋剖面浮标。海洋剖面浮标是指观测海水参数垂直剖面变化的浮标。海洋剖面浮标最早的代表是美国伍兹霍尔海洋研究所设计的具有自动升降功能的剖面观测系统（Mclane Moored Profiler，MMP）和加拿大 Bedford 研究所设计的海马波浪能驱动剖面观测系统

（Seahorse）。2013 年，挪威的 SAIVAS 公司利用浮标搭载电动绞车的方式研制了自动剖面观测系统。此外，意大利、韩国等国也纷纷开发了自己的海洋剖面观测浮标，有的甚至已经业务化运行多年。

（2）海上风剖面浮标。海上风剖面观测浮标是近几年出现的新成果，主要用于测量海上低空风场剖面，代表产品有 2009 年加拿大 AXYS 生产的 Wind-Sentinel 浮标和 2013 年挪威 OCEANOR 公司生产的 SEAWATCH Wind LiDAR 浮标，它们都是通过搭载激光雷达实现底层风剖面观测的。

（3）海啸浮标。海啸浮标通过实时监测海面波动情况，及时确认是否发生海啸及海啸的大小，为海啸预警提供非常重要和珍贵的数据。美国国家海洋和大气管理局（NOAA）早在 20 世纪 90 年代初就开始了海啸浮标的研制及系统建设，并取得了优秀成果；2001 年建立了第一代 DART 系统；2005 年开始第二代 DART 系统的建设；2007 年开始了高效、易布放海啸浮标的研制并进行全球布网；迄今为止，已经在全球范围内布放了超过 60 个海啸浮标。

（4）波浪浮标。波浪浮标专门用于波浪参数的观测，绝大部分波浪浮标都采用球形标体，以具备很好的随波性。波浪是海洋环境的重要参数之一，也是海洋环境观测的难点之一。

（5）海洋光学浮标。海洋光学浮标是以光学技术为基础，可连续观测海面、海水表层、真光层乃至海底的光学特性的浮标。第一台海洋光学浮标于 1994 年在美国诞生。此后，英国、日本和法国等发达国家也研制了自己的海洋光学浮标，代表产品有美国的 MOBY 和法国的 BOUSSOLE。

（6）海冰浮标。海冰浮标是布放于南极、北极海冰区域，能够观测包括海冰在内的海洋环境参数的浮标，既可以监测海冰自身的热力及动力过程，同时可以搭载相应的观测海洋及大气参数的传感器，用于海洋及大气边界层物理过程的观测。当前，适用于南极、北极海冰地区观测的常用海冰浮标有七种以上。

（7）海气通量观测浮标。海气通量浮标用于观测大气和海洋之间能量和水相互运动和交换的过程，对全球气候变化、预报及大气环流研究等领域具有重要作用和意义，主要观测风速、风向、温度、湿度、压强、长短波辐射、降雨等参数。

（8）海洋酸化观测浮标。海洋酸化观测浮标用于观测表层海水和大气中的 CO_2 浓度、海洋酸性变化。2013 年 8 月，美国 NOAA 在大西洋北极圈附近布放了第一个海洋酸化观测浮标，该浮标安装了由 PMEL 公司生产的 $MAPCO_2$ 系统。2004 年开始，美国 NOAA 在部分已有观测浮标平台基础上，增加 CO_2 和 pH 观测参数，执行海洋酸化观测计划。

4. 关键技术

随着海洋浮标的不断完善及应用的逐步扩大，采用先进技术、降低成本、提高可靠性、增加功能、延长工作寿命、方便布放和回收成为近年来海洋浮标发展的总趋势。然而，在海洋浮标的研发过程中，还有不少技术难点要去攻克。

（1）海水腐蚀问题。海水对海洋浮标的腐蚀问题是比较难解决的，无论是潜标还是水面浮标都有很大一部分浸在海水中，海水对这些浸入其中的金属，特别是钢丝绳等，有着不可忽视的电化学腐蚀作用，影响浮标工作性能，减少它的使用寿命。目前主要采用的防止海水腐蚀的几种常见方法有保护涂层法、电解互克消除法和牺牲阳极法等。

（2）疲劳问题。海面运动不仅会导致在海洋浮标系留索的连接点处产生交变的弯曲应力和扭转应力，还会在系留索上产生纵向的循环拉应力。系留索在布设后的几个月内，所经受的应力循环次数可能会很多，应力疲劳问题不容小觑。应力疲劳最终可能导致系留索与浮标体的连接处断裂，浮标体脱离缆系，无法正常回收。海水运动导致的应力疲劳不可能完全消除，我们只能通过适当的办法来改善，如可以使用弹性合成纤维绳作为系留索，使系留索具有柔度，可以减弱水面激荡对系留索的作用；或者采用振动阻尼器来保护钢丝绳端头装置，避免应力集中，总之都是在设计时提高安全系数，避免产生疲劳损坏。

（3）抖动问题。浮标通常会设计成圆柱状，当海流经过圆柱体时的速度达到一定值后，圆柱体后的伴流便不再规则，会在浮标两边形成涡流，从而使浮标产生抖动。这种抖动不仅会增强浮标各组件的疲劳程度，还会给传感器带来噪声，其影响不容小觑。我们可以在浮标体上装上翼型导流片，这种装置是顺着水流定向的，起到了分隔板的作用，可以有效防止涡流的形成。

（4）海洋生物引起的污损破坏问题。一些污损型海洋生物，特别是附着类生物，喜欢附着在浮标底部及系留索上，增加浮标系统的阻力和质量，甚至会导致某些传感器失效。因此，海洋浮标往往会使用专门的抗污损漆料，以防这些生物的附着。

（5）浮标的精确定位问题。目前浮标的定位追踪多采用卫星技术、光学技术、声呐技术等，这些技术共同存在的问题就是精度问题和实时性问题。因此，为了解决浮标的精确定位问题，需要重点攻克高精度系统的系统时钟同步问题和定位信号的高精度延时问题。

5. 典型产品

（1）荷兰 Datawell 公司生产的 MK III 型测波浮标。图 7.1 所示为荷兰 Datawell 公司生产的 MK III 型测波浮标，安装在浮标中的加速度计测量波浪运动时所产生的加速度，通过双重积分，得到波高、波周期和波向，内部装有 GPS 和温度传感器。

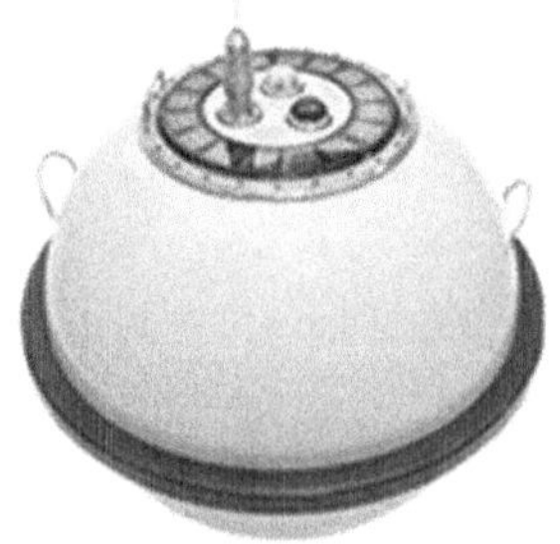

图 7.1 荷兰 Datawell 公司生产的 MK III 型测波浮标

（2）山仪所研制的 SBF3-2 型波浪浮标。图 7.2 所示为山仪所研制的 SBF3-2 型波浪浮标，它是一种观测近海波高、波周期、波向和表层水温的小型遥测系统，采用 CDMA、GPRS 方式传输，可由锂电池供电。目前已广泛应用于我国沿海及内陆湖泊。

图 7.2 山仪所研制的 SBF3-2 型波浪浮标

（3）山仪所研制的 3 米海洋环境监测浮标。图 7.3 所示为山仪所研制的 3 米海洋环境监测浮标，该浮标适用于近岸水域大容量、高密度数据需求的海洋综合观测。它由浮标体及锚泊系统、水文气象传感器、数据采集传输系统和供电系统四大部分组成，可测量风速、风向、气温、相对湿度、气压、波浪、海流等数据。采用 GPRS、CDMA 及 VHF 等多种通信方式，每 5 分钟或每 10 分钟传输一次数据，准确地提供海洋、气象、水文信息。

图 7.3 山仪所研制的 3 米海洋环境监测浮标

（4）山仪所研制的 6 米海洋环境监测浮标。图 7.4 所示为山仪所研制的 6 米海洋环境监测浮标，适用于浅海和远海海域。其根据组装方式分为分体式和一体式两种：分体式浮标拆解后可适用于需要远程陆路、海路运输的情况，分体式浮标既拥有大型浮标设备容量大、抗破坏能力强的特点，分体后也方便进行陆路运输；一体式浮标则适用于近岸建造后直接下水拖航的情况，且图 7.4 所示的一体式浮标首次实现了 CO_2 的海上观测。

图 7.4　山仪所研制的 6 米海洋环境监测浮标

（5）山仪所研制的 10 米大型海洋环境监测浮标。图 7.5 所示为山仪所研制的 10 米大型海洋环境监测浮标，是一个自动的海洋和气象数据采集、遥测平台。它可以配置多种传感器，具备超强的抗破坏能力和大量的数据储备能力，运营成本也较低。

图 7.5　山仪所研制的 10 米大型海洋环境监测浮标

7.1.2　海洋潜标系统

1. 简介

海洋潜标系统又称为水下浮标系统，是海洋环境观测的重要设备之一。海洋潜标系统一般由主浮体（标体）、探测仪器、浮子、锚系系统、释放器等组成。为了避免海表面的扰动，主浮体通常布放在海面下 100m 左右或更大深度的水层中。锚系系统将整个海洋潜标系统固定在海底某一选定的观测点上，在主浮体与锚之间的系留索上，根据不同的需要，挂放多层自动观测仪器和浮子，在系留索与锚的连接处安装释放器。

海洋潜标系统由工作船布放，观测仪器在水下进行长周期的自动观测并将观测数据自动储存，达到预定的时间后，仍由工作船到达原设站位，由水上机发出指令，释放器接收指令释放锚块之后，海洋潜标系统上浮回收。用海洋潜标系统能获取水下不同层面上的长期连续的海流、温度、盐度、深度等海洋水文资料，并具有隐蔽性好、稳定性高和机动性好等特点，具有其他观测设备不可替代的功能，在海洋环境观测中具有十分重要的作用。

2. 发展概述

海洋潜标系统是 20 世纪 50 年代初首先在美国发展起来的。随后，苏联、法国、日本、德国、加拿大等国也相继开展对海洋潜标系统的研究和应用。70 年来，海洋潜标系统已经作为一种重要的海洋调查设备被普遍使用。从 20 世纪 60 年代初到 20 世纪 80 年代初，美国平均每年布设 50～70 套海洋潜标系统。在墨西哥湾和西北太平洋的一些观测站，海洋潜标系统保持在 20 套左右。美国海军从 20 世纪 70 年代初开始发展军用海洋潜标系统，并且每年都会布放几十套，是海流剖面资料的最大用户之一。英国从 20 世纪 60 年代到 20 世纪 80 年代中期，共布放了 400 余套海洋潜标系统。日本于 20 世纪 70 年代初开始研制和使用海洋潜标系统，主要用于黑潮研究，在每年两次的南太平洋调查中，在两条主要的观测断面上，每次布放十几套测流潜标。另外，在各种重大的国际合作研究项目中，也常常布放大量的海洋潜标系统。到 20 世纪 80 年代，国际上海洋潜标系统已广泛应用于海洋调查、海洋科学研究、海洋军事活动、海洋资源开发等方面。

20 世纪 80 年代中期，潜标与锚泊浮标相结合形成绷紧式锚泊浮标系统，在近十几年的海洋环境观测中得到了很快的发展，如美国、法国、日本和中国合作布放的热带海洋大气（TAO）阵列，该阵列由 69 套绷紧式锚泊浮标系统组成，覆盖了赤道的二分之一，海区水深为 3500～4500m，浮标下面悬挂的仪器有两种类型：一类以测量深层水温为主，从表层到 500m 深度的电缆上配置了 10 个温度传感器和 2 个压力传感器，测点间隔 20～200m，数据既可以储存下来，又可以通过浮标上的发射机发射出去；另一类以测流为主，如悬挂海流计和 CTD 等，在少数系统上还附加了其他传感器，如雨量计、短波辐射计和生物化学传感器等，供特殊研究用。TAO 阵列于 1984 年—1994 年全部完成，目前业务仍在运行，今后它将成为全球海洋观测系统的一个重要组成部分。

绷紧式锚泊浮标系统的另一个典型应用是美国的百慕大试验站锚泊系统（BTM），它是一个专供海洋仪器设备进行长期试验的深海锚泊系统。该系统所有水下仪器设备的测量数据都通过感应式调制解调器耦合，利用一根单芯的、公共的锚泊缆绳传送给海面浮标，测量数据由卫星传送。当巡航的调查船靠近锚泊系统时，可通过无线电通信，获取海洋潜标系统的观测数据。

近年来，随着高新技术的发展和出于对海洋环境探测的需要，海洋潜标系统向着综合化、智能化方向发展。数据传输借助水面浮标，由单一的储存取读方式，向卫星传输、无线电或光纤通信等多种方式发展，增加了数据的可靠性和实时性。

3. 关键技术

海洋潜标系统涉及海洋学、力学、系统学、控制学、模型学、信息学及传感与检测技术、通信技术、可靠性技术、网络技术等方面的理论及技术体系，是一个复杂的系统。因为海洋潜标在海底工作，所以对布防和回收有其特殊性。除了 7.1.1 节中第四部分涉及的关键技术，我国海洋潜标系统和国外的主要差距是释放机构和水下观测仪器的可靠性。潜标电缆需要较大的破断强力，对潜标电缆的耐腐蚀性提出了极高的要求，目前潜标电缆主要依赖于国外进口。此外，海洋潜标系统的回收效率较低，需要提高潜标电缆破断与电控释放装置的稳定性。

4. 典型产品

（1）山仪所研制的海洋环境潜标。图 7.6 所示为山仪所研制的海洋环境潜标，主要用于水文参数及生态环境参数（海流、水温、盐度、溶解氧、COD、BOD、有机氮、声场及动力场等）的测量。能够在恶劣的海洋环境条件下，无人值守、长期、连续、自动地对海底情况进行全面综合监测。

图 7.6　山仪所研制的海洋环境潜标

（2）中国船舶重工集团公司第七一〇研究所研制的实时传输海洋潜标。图 7.7 所示为中国船舶重工集团公司第七一〇研究所研制的实时传输海洋潜标，它是一种使用深度达 4000m，测量剖面最大量程为 100～2500m，可进行定点、长时间剖面观测并能实现实时数据传输的自主系统。可以搭载海水温度、盐度、深度及海流监测传感器，并有多种传感器扩展能力。

图 7.7　中国船舶重工集团公司第七一〇研究所研制的实时传输海洋潜标

（3）国家海洋技术中心研制的防拖网坐底式海洋调查潜标。图 7.8 所示为国家海洋技术中心研制的防拖网坐底式海洋调查潜标，主要由防拖网底座、仪器设备安装框架、浮力部件、声学应答释放器、释放结构、测量仪器、雷达信标机及声学指令发射接收机等组成。防拖网坐底式海洋调查潜标布放于海底，利用安装的 ADCP 海流剖面仪，向上测量海流剖面。并可通过声学释放装置和浮力块进行回收。

图 7.8　国家海洋技术中心研制的防拖网坐底式海洋调查潜标

（4）中国科学院海洋研究所研制的准实时传输潜标。图 7.9 所示为中国科学院海洋研究所研制的准实时传输潜标，主要由主浮体、释放器、锚、海流计、感应耦合 CTD、温盐链、通信浮子等组成。可实现深达 2000m 的剖面温度、盐度、深度、海流等海洋要素的高频率、多要素、多层次的长期连续观察和数据准实时传输。

图 7.9 中国科学院海洋研究所研制的准实时传输潜标

7.1.3 自动海洋台站

1. 简介

自动海洋台站是海洋环境监测网络的重要组成部分，为海洋开发与管理、海洋生态文明建设、海洋防灾减灾和海洋权益维护提供了及时有效的基础数据。自动海洋台站可实现气象、潮位、水温、盐度、海浪、海冰、水质等多要素全自动、实时在线观测；可组成岸基、平台、浮标、海底和空中遥感的立体观测网络；数据传输方式支持卫星、地面专线、无线通信相结合的数据传输网络，可实现与岸基（岛屿）站数据的分钟级实时传输。海洋水文气象自动观测系统可安装在沿岸海洋站、无人观测站、海上观测平台、石油平台及码头、港口上，可以对观测点的水文气象水质生态参数进行长期连续的观测。

2. 发展概述

美国于 1981 年就开始建设自动海洋台站，将观测系统设置在大陆沿岸、岛礁、海上石油平台和灯塔等平台上面，通过卫星和有线数据通信网络，组成一个集数据采集、数据处理、数据传输为一体的自动观测服务器系统。美国 NDBC 拥有 1042 个观测平台的观测数据，其中包括近岸海域的 52 个海洋岸基观测台站的观测网络提供的逐小时的观测资料。根据 1994 年的参考资料显示，日本沿岸有综合海洋台站 70 余个。由于日本的海岸线较长，即使日本海洋观测技术发展比较迅速，但根据日本官方海洋网站显示，日本近海海洋观测站的观测区域仍存在空白，海洋台站主要集中在人口比较稠密、海洋开发度高、经济比较发达的沿海地区。德国将在北海和波罗的海的海洋台站及船舶等现场布设自动观测装置，组成了一个业务化的海洋环境观测系统，应用 27 种传感器，观测海洋生态环境参数，其中包括溶解氧、叶绿素、颗粒浓度、营养盐、荧光、重金属等。挪威在海洋台站自动观测技术方面也居于领先地位。1998 年，一场大规模的藻华在挪威南部爆发并迅速蔓延到挪威的西海岸，虽然爆发规模比较大，但得益于早期建设的海洋台站观测系统对藻华的及时发现并预警，大大降低了藻华造成的损失。

1953 年，在青岛小麦岛建立了我国第一个岸边海洋台站。此外，中国人民解放军海军、中华人民共和国交通运输部、中华人民共和国水利部和中国气象局等单位，根据各自需求，在我国沿海陆续建立了验潮站、水位站和气象站等观测站共 45 个。1958 年，国务院批准了中华人民共和国国家科学技术委员会统一建设海洋观测站的报告，从 1959 年开始，中国气象局在中国人民解放军海军、国家水产总局、中华人民共和国交通运输部和中华人民共和国水利部的大力支持下，在调整原有海洋站的基础上，在全国沿岸布设了 119 个水文气象站。1964 年国家海洋局成立后，根据职责分工，中国气象局将沿海 59 个海洋水文气象观测站移交国家海洋局进行管理。至 2007 年，根据国家海洋局新闻信息办公室发布的信息显示，我国有海洋台站 65 个，固定验潮站 70 多个，监测台风雷达站 6 个，测冰站 1 个。目前，我国先后在沿海建造同时进行海浪、温度、盐度、气象等多要素观测的观测站，约有 88 个，包括 13 个中心海洋站，广泛开展了潮汐、海浪、温度、盐度、海冰、气象和污染等项目的观测。我国海洋台站观测系统已经初具规模。

3. 关键技术

国产自动海洋台站系统已经基本满足我国海洋环境的业务化运行需求，但是岸基系统使用的核心传感器仍依赖进口。国外的岸基海洋观测系统具备多源数据的统一管理、预报模型优选、产品信息生成等众多功能，相对而言国产产品欠缺数据预报和产品信息生成两方面能力，限制了国产岸基海洋观测系统的进一步发展。

4. 典型产品

（1）山仪所研制的 SXZ2-2 型海洋水文气象自动观测系统。图 7.10 所示为山仪所研制的 SXZ2-2 型海洋水文气象自动观测系统，是新型水文气象自动观测系统，可以测量常见的水文气象参数。系统采用模块化设计，主要由水文子系统、气象子系统、数据接收处理子系统组成，水文子系统和气象子系统安装在观测点，数据接收处理子系统一般安装在数据接收中心值班室。水文气象自动系统可以安装在岸边站、海岛站、平台站、石油平台站及各种简易站，具有应用范围广、适用性强等特点。水文子系统可观测的参数有潮位、水温、盐度、流速、流速、波高、波周期和波向等参数。气象子系统可观测的要素有风速、风向、相对湿度、温度、气压、太阳总辐射、降雨量、土壤湿度、CO_2、日照时数、太阳直接辐射、紫外辐射、地球辐射、净全辐射等参数。

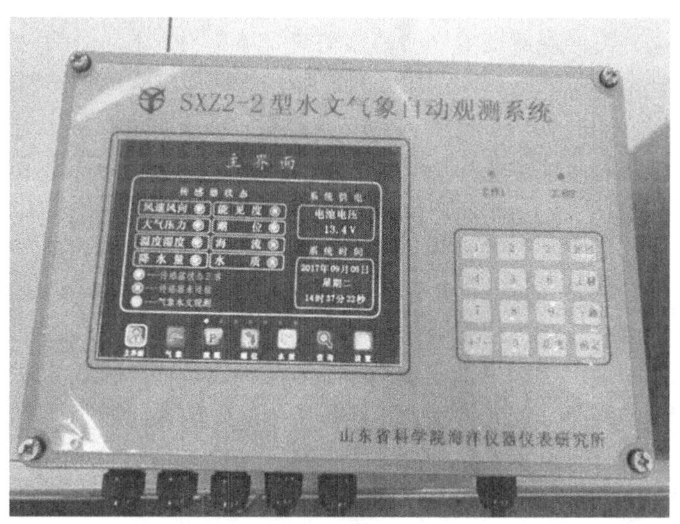

图 7.10　山仪所研制的 SXZ2-2 型海洋水文气象自动观测系统

（2）国家海洋技术中心研制的 XZY3 型自动水文气象站。图 7.11 所示为国家海洋技术中心研制的 XZY3 型自动水文气象站，能满足我国海洋观测网业务化运行的要求，可安装在岸基海洋站、岛屿海洋站、岸基简易测点或海上观测平台、石油平台等场所，用于长期、连续、自动地测量潮汐、风、气温、相对湿度、气压、降水量等水文气象要素。国家海洋技术中心的 XZY3 型自动水文气象站主要由气象子系统、潮位子系统和数据接收处理子系统组成。气象子系统、潮位子系统和数据接收处理子系统通过通信设备传输数据。气象子系统和潮位子系统安装在观测点，数据接收处理子系统一般安装在值班室。

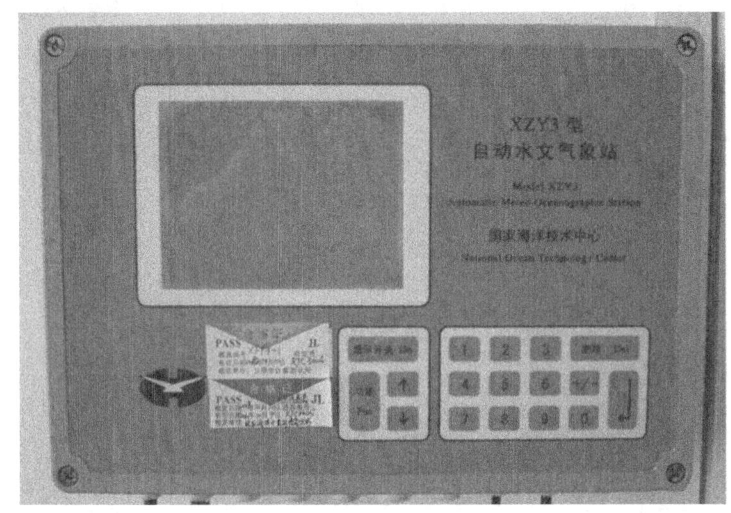

图 7.11　国家海洋技术中心研制的 XZY3 型自动水文气象站

7.2　海洋移动观测平台

定点观测技术对科学研究有重要的作用，但不能满足科学研究的全部需要。与定点观测技术相对应的是移动式海洋观测技术。所谓移动式海洋观测技术，是指对海洋进行移动的、多点的观测，就是在所观测的海域，利用各种载体，搭载海洋观测传感器，构成的海洋观测系统，实施一定范围内的海洋移动观测。

海洋移动观测平台的主要形式包括基于水面船体的海洋观测、基于漂流浮标的海洋观测及基于潜水器的海洋观测等。基于水面船体的海洋观测是海洋观测历史上使用最早、对海洋事业贡献最大的一种海洋观测技术。其基本方法是将水面船体（通常我们把这样的船只称为科学考察船或调查船）作为支撑，把传感器布放到水中进行测量的。这种测量方式，可以先将传感器从水面下放到海底，再从海底拉回水面，实施一个垂直剖面的观测，如观测海水中的水温垂直分布、观测温跃层的位置或观测一个海域中的海水含硫量的分布情况等。更多的情况是把传感器挂在缆绳上，放置于水下一定深度，随着调查船的航行开展这一航程中的海洋观测，获得设定深度下一条线上的海洋观测数据。这种观测方式，也称为走航观测。

基于科学考察船的海洋观测技术比较容易理解，本节重点阐述基于漂流浮标的海洋观测技术和基于潜水器的海洋观测技术。

7.2.1　基于漂流浮标的海洋观测技术

在海洋定点观测平台部分已经对固定海洋浮标观测进行了介绍。然而，有科学家提出巧妙设想，将浮标再做进一步的设计，让浮标上下运动起来，带着传感器不断地在海面与海底之间运动，开展一个剖面上的海洋长期观测，这就是基于漂流浮标的海洋观测技术。通过改变浮力，使浮标能够在海水中实现不停地上下运动，携带的传感器就会不断地获得自上而下的观测数据，深度甚至可达 2000～3000m。当漂流浮标运行到海面上时，通过天线与通信卫星“握手”连接，把传感器信号发给卫星并传回陆地。基于浮标的海洋观测技术的技术要点就是如何改变浮标的浮力，使之不断地做上下运动，并且还需要满足两个要素：一是能够在海洋中某深度自动地进行浮力调节；二是携带电能不可能很多，又要考虑漂流浮标能够尽可能长时间地在海洋中工作，必须应用低能耗的浮力调节技术。

最常用的调节浮力的方法主要有两种：一是改变浮标的体积以调节排水量，从而达到改变浮力的目的；二是通过改变浮标自身的质量来调节浮力。对于漂流浮标而言，关键是要找到低能耗的浮力调节方法。

这里介绍一种通过改变浮标体积大小调节浮力的方法。在浮标中设计一个油囊，并带有简单的双向液压泵。当需要增大浮力实现上浮时，则通过液压泵把油箱里的油输入油囊从而增大浮标的体积；当需要减小浮力实现下沉时，则启动液压泵，把油液输入回油箱，从而减小浮标体积。

如果在特定的海区里，放置一大批这样的浮标在海面上不停地做上下运动，不断获得大量的时间序列数据，通过通信卫星传回陆地，就可获得特定海域的一系列观测数据，这些漂流浮标就构成了一个观测网络，这就是著名的 Argo 计划，也称为 Argo 全球海洋观测网，而实施 Argo 计划的漂流浮标，被称为 Argo 浮标。

Argo 全球海洋观测网是国际海洋界近年来发展起来的新一代覆盖全球的海洋实时观测系统，可以测量海面以下 2000 m 到海表面的温盐深剖面数据，即温度、盐度和深度信息。它能够快速、准确、大范围地收集全球海洋上层的海水温度、盐度剖面资料，提高气候预报的精度，有效防御全球日益严重的气候灾害（如飓风、龙卷风、冰暴、洪水和干旱等）给人类造成的威胁。

Argo 计划自 2000 年年底正式实施以来，得到众多国家的大力支持，截至 2015 年年底，已经有 30 多个国家在太平洋、印度洋和大西洋等海域投放了上万个 Argo 浮标，其中有数千个浮标仍在海上正常工作，达到了 Argo 计划最初提出的在全球海洋中同时有 3000 个 Argo 浮标正常工作的预定目标，这些浮标已累计获得了全球大洋中约上百万个 0～2000m 水深内的温度、盐度剖面，而且今后还将以每年 12 万条剖面的速率增加。

2002 年，我国正式加入国际 Argo 计划，成为继美国、日本、加拿大、英国、法国、德国、澳大利亚和韩国后第九个加入该计划的国家。中国 Argo 计划自 2002 年年初组织实施以来，于 2002 年启动了第一个 Argo 计划项目——Argo 大洋观测网试验。此后国家相继启动了多个资助 Argo 大洋观测网建设和 Argo 资料应用研究的项目，使我国的 Argo 计划得到了较快的发展。目前，中国作为国际 Argo 计划的成员国之一，也积极参与这项计划。中国 Argo 计划总部设在杭州国家海洋局第二海洋研究所。

在技术方面，由于需要布放大量的卫星跟踪浮标，故而 Argo 计划的实施耗资巨大，这也是制约 Argo 计划发展的一个重要因素。另外需要强调的一点是，Argo 全球海洋观测网并非一个完美无缺的现场观测系统，它的目标是提供大尺度空间范围、时间尺度在数月以上的覆盖全球大洋上层的海洋资料，且设计深度只有 2000m，故全球海洋观测网必须采用其他有效的手段给予补充。这就是说，Argo 全球海洋观测网必须与区域网相结合，并为它们提供全球海洋背景。所以，下文介绍的一些技术，还有待于不断地改进与完善。

（1）通信技术。目前我们利用 Argo 浮标和 ORBCOMM 卫星进行数据通信，将来也可能会加上全球多通道网络观测系统，除了费用高，通信中的技术问题也需要注意：一是数据的数量与精度；二是缩短 Argo 浮标在海面上的停留时间；三是减小通信中的能量消耗。

（2）传感器测量精度。我们已经意识到，目前 Argo 计划最大的技术问题就是如何使传感器（如盐度传感器）可以稳定地工作 4 年及以上。

（3）浮标能量供给。Argo 浮标的寿命和性能主要是取决于电能的供给。在降低能耗方面已取得了显著成效，主要是使用效率更高的单柱塞泵来调节浮力及在通信时更有效地利用能量。一些实验表明，许多商用 Argo 浮标电池的寿命均可达 2000 个下潜周期。

（4）投放技术。Argo 浮标可由科考船或飞机来进行投放，或者借助一些商用船只，在其运行的途中进行布放。科学家们已经多次利用商业船只，成功地完成了 Argo 浮标的布放，而飞机投放是最近才提出的并被证明是可行的。考虑到高昂的布放费用，应尽量减少使用专业的科考船专门进行浮标布放工作。

目前，典型的产品包括美国 SeaBird 公司生产的 SBE41 和青岛亚必锐海洋仪器设备有限公司生产的 RBRargo3，如图 7.12、图 7.13 所示。

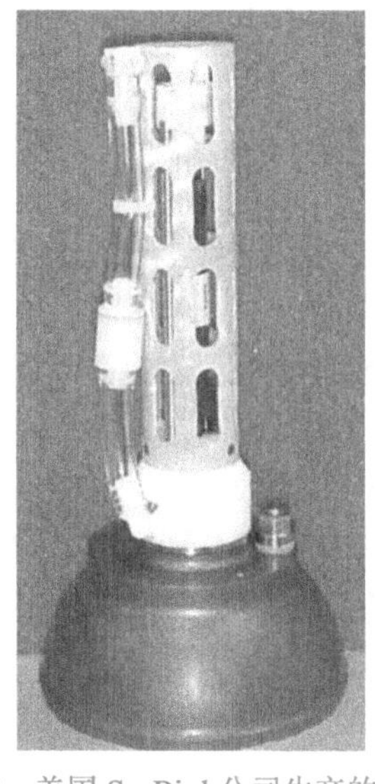

图 7.12　美国 SeaBird 公司生产的 SBE41

图 7.13　青岛亚必锐海洋仪器设备有限公司生产的 RBRargo3

7.2.2　基于潜水器的海洋观测技术

Argo 浮标可以解决垂直剖面上的海洋观测问题，但如要解决水平剖面上的海洋观测问题，通常就要依靠各种潜水器，如 ROV、AUV 和 AUG 等。从海洋观测的角度来看，它们就是观测仪器的重要的运载工具，先将传感器搭载在这些潜水器上，再让这些潜水器在海面下做规定的动作，游经需要观测的区域，将数据传输回，完成海洋观测任务。

1. 基于 ROV 的观测

ROV 通过与水面相连的脐带电缆获取能源，因此一般动力比较充足，作业时间不受能源的限制，可搭载较多的传感器设备，信息的传递和交换快捷、方便、数据量大，操作者在水上进行控制和操作，工作环境安全。ROV 的运行与控制等由水面上功能强大的计算机、工作站和操作员通过人机交互的方式来进行，人的介入使得许多复杂的控制问题变得简单，实现实时控制潜水器的运动状态，实时观察潜水器探测的目标信息和声呐视频图像，潜水器作业效率更高，应对环境变化能力更强。

ROV 的优点在于动力充足，作业时间不受能源限制，作业能力强，可以支撑复杂的探测设备和较大的机械作业用电，信息和数据的传递和交换快捷方便、数据量大，其总体决策水平较高，因此在海底资源（包括油气资源和矿产资源）开发、深海救捞作业、海底通信光缆铺设、水力发电、隧道检测和维修、水下采样等方面发挥着重要作用。

ROV 是国际潜水器中发展最早、应用最广泛的水下作业设备之一，欧美发达国家的 ROV 技术已经完全实现产品化、产业化，且相应的配套产品专业、齐全，形成了完整的产业链，全球超过 400 家厂商可以提供 ROV 的整机、零部件和操作服务，约有 1100 多台 ROV，其中，约有 40 家厂商可以提供深海大型 ROV。

我国对于无人有缆潜水器的研究与开发起步较晚，20 世纪 70 年代末才开始研究，相比于欧美国家和日本，我国一直处于落后水平。从 20 世纪 70 年代末起，中国科学院沈阳自动化研究所和上海交通大学开始从事 ROV 的研究与开发工作，合作成功研制了我国第一台 ROV——“海人一号”，这在我国是一项开拓性的工作。但是由于深海装备的研发有着投入大、风险高、周期长等特点，因此最近十多年来，我国的 ROV 技术才有了快速的发展，与国际水平的差距在逐渐缩小。目前，我国已突破了深海无人 ROV 的相关核心技术，具备了 ROV 的自主开发和应用能力

ROV 系统中的关键技术有 ROV 总体技术、综合控制技术、液压系统技术、吊放回收及安全保障技术、浮力材料技术、水下作业技术等。

（1）ROV 总体技术。对于目前已经广泛应用的 ROV 作业系统，系统的总体设计是首先要面临的一个技术难点。系统总体技术主要包括 ROV 吊放作业模式、ROV 本体结构形式与布局构型、水下运动性能研究及材料选型等。

（2）综合控制技术。ROV 综合控制系统是 ROV 的核心技术，是按照 ROV 总体配置独立设计的，由于其技术含量高、系统复杂，是国际上 ROV 生产商最大的卖点，通常不单独销售，而是与 ROV 系统捆绑销售，其关键技术包括 ROV 系统控制方法，数据的实时监测、预警、紧急隔离，多数据融合，姿态实时仿真，触摸控制，运动控制，数据记录与分析，ROV 系统控制软件等。实现 ROV 水下自动定向、定深、定高航行等运动功能是控制系统的主要技术难点之一，研究和解决运动控制中的关键技术具有重要意义。

（3）液压系统技术。液压系统是大型作业级 ROV 的动力源，液压系统技术是 ROV 系统中非常关键的技术。

（4）吊放回收及安全保障技术。ROV 吊放回收主要受支持母船的升降和海洋环境的影响。特别是对于大深度、大功率和多种运动模式的 ROV，更增加了吊放回收及安全保障的技术难度。

（5）浮力材料技术。深海 ROV 使用的浮力材料密度要尽可能小，使其单位体积提供尽可

能大的浮力，同时还要保证其有足够的耐压性能。目前国内已具备一定的深海浮力材料制造能力。

（6）水下作业技术。水下作业是 ROV 的重要功能之一，水下作业技术对完成特定的水下作业、提高 ROV 的工作效率和能力发挥着重要作用。

目前，典型的产品包括如图 7.14 所示的美国 UHD-HIROV，图 7.15 所示的挪威 Argus Mariner XL ROV 和图 7.16 所示的中国海马 4500 米级深海作业系统。

图 7.14　美国 UHD-HIROV

图 7.15　挪威 Argus Mariner XL ROV

图 7.16　中国海马 4500 米级深海作业系统

2. 基于 AUV 的观测

AUV 是一种理想的观测平台，由于其噪声辐射小，在进行海洋观测时，对被观测对象的干扰较小，可以贴近被观测对象，因而可以获取采用常规手段所不能获取的高质量数据和图像。AUV 具有活动范围大、潜水深度深、不怕电缆缠绕、可进入复杂结构中、不需要水面支持、占用甲板面积小等优点。由于种种优点使 AUV 日益受到重视，在海洋观测技术中越来越凸显出其重要性。

AUV 的研究源于美国，目前国外主要研究国家有美国、英国、法国、挪威、加拿大、俄罗斯、德国等，涉及的主要应用领域包括军用、海洋调查、海底勘查、水下搜索等，其类型以调查型为主，最大作业深度可达 6000m。近 20 年来，各海洋发达国家都对 AUV 的研究与开发给予了极大的关注与投入，使得这一领域得到了快速发展。

我国对 AUV 研究开发工作始于 20 世纪 80 年代，以中国科学院沈阳自动化研究所为代表，其对 AUV 的研究涉及从浅海到深海的各种类型。从 20 世纪 90 年代初起，我国通过自主研发和国际合作先后研制成功两个系列的 AUV 装备，即深海系列和长航程系列，并开展了海上调查及应用。深海 AUV 最大工作深度为 6000m，长航程 AUV 的航程突破了万米。

AUV 的几个关键技术如下。

（1）载体结构设计。AUV 载体外形通常采用鱼雷形或其他流线型，保证其在水中航行时具有良好的水动力特性。浅海 AUV 通常采用耐压舱结构，将所有的控制电路、能源、传感器都布置在舱内，形成一个密封结构。深海 AUV 通常采用框架结构，将耐压舱布置在框架上，在框架外采用浮力材料或蒙皮包络形成流线型外形，以减少阻力。

（2）控制/导航系统。控制/导航系统是 AUV 中最重要的系统，涉及 AUV 运动控制、导航、路径规划、避碰、故障诊断、应急处理、数据管理等。AUV 的导航方式包括自主导航和组合导航，导航方式不依赖于母船，AUV 的控制系统可以分成顶层控制和底层控制两部分：顶层控制主要指 AUV 根据使命和环境做出的决策和规划；底层控制指对 AUV 各执行机构的控制及传感器信号的初级处理。AUV 的控制问题涉及许多方面，如机器视觉、环境建模、决策规划、回避障碍、路径规划、故障诊断、坐标变换、动力学计算、多变量控制、导航、通信、多传感器信息融合及包容上述内容的计算机体系结构等。

（3）能源系统。能源系统为 AUV 供电，使 AUV 能在水下连续航行。常用的能源有蓄电池、燃料电池、太阳能电池等。早期 AUV 采用银锌电池和铅酸蓄电池，近年来锂一次电池和锂二次电池得到了较广泛的应用。在能源选择方面，除了要求体积小、质量轻、能量密度比高，安全性也是需要考虑的重要因素。

（4）推进系统。推进系统主要包括电机和螺旋桨，AUV 推进系统常用无刷直流电机驱动，螺旋桨推进器的数量取决于 AUV 的任务要求。

（5）传感器系统。传感器系统是指 AUV 为了完成某一任务而搭载的声传感器、光传感器、电子设备、磁传感器或其他作业工具，一个任务可配置一个或多个传感器。常用的声传感器有前视声呐、侧扫声呐、浅地层剖面仪、温盐深仪、探测声呐、多波束声呐等，光传感器有水下照相机、摄像机等。目前可携带机械手的作业型 AUV 仍处于研究阶段，这也是 AUV 发展的主要方向之一。

目前，典型的 AUV 产品如下。

（1）REMUS 系列航行器。REMUS 系列是美国研制的一系列反水雷水下航行器。图 7.17 所示为 REMUS 600，它由 Kongsberg Maritime 的子公司 Hydroid 与海军研究办公室合作设计和开发，用来支持美国海军在深海和浅海的任务。

（2）中国科学院沈阳自动化研究所研制的“海鲸 2000” AUV，其外观如图 7.18 所示，质量约为 200kg，设计续航时间不少于 1 个月，续航距离不小于 2000km，最大续航速度为 2 节，可携带温盐深仪、流速剖面仪、溶解氧传感器、浊度计等物理、生化传感器。“海鲸 2000” AUV 具有多种航行模式和自主观测作业模式，满足不同海洋环境特征的动态观测要求。

图 7.17　REMUS 600

图 7.18　“海鲸 2000” AUV

3. 基于 AUG 的观测

AUG 相比于 ROV 和 AUV，它更像是专门为海洋观测量身打造的。AUG 搭载各种传感器后，可构成完整的海洋观测系统。它的出现，是海洋观测技术发展的一款强大的推进器。

AUG 是一种为满足海洋观测的需要，将浮标技术与潜水器技术相结合的新型潜水器。它依靠调节浮力驱动，配合姿态变化和机翼的水动力作用，可在水面和水下指定深度之间做锯齿形曲线运动。AUG 通过搭载各种传感器，获取海洋在时间尺度和空间尺度的采样数据，从而进行大范围的海洋环境测量与观测。由于配备了 GPS 和双向卫星通信系统，它还具有定位、实时数据传输及指令接收能力。与当前被广泛用于海洋环境观测与测量的浮标技术相比，AUG 具有优越的机动性、可控性和实时性。与传统潜水器相比，AUG 具有作业时间长、航行距离大、作业费用低和对母船的依赖性小等优点。将 AUG 用于海洋环境观测，将有助于提高海洋环境观测的时间、空间密度，提高人类观测海洋环境的能力。因此，很多国家均在 AUG 的研制方面投入了大量的人力、物力。

AUG 的具体作业流程包括：在预设程序的控制下，通过浮力驱动单元，使 AUG 的浮力小于重力，开始下沉，同时通过调整重心位置，使其头部向下倾斜，借助海水在水平翼和垂直尾翼产生的作用力，实现向前下滑翔运动；到达预定深度后，通过浮力驱动单元，使 AUG 所受浮力大于重力，实现系统运动由下降到上升的转变，同时改变滑翔姿态，使其头部向上倾斜，实现向前上方的滑翔运动。AUG 在滑翔过程中，通过调整重心位置，改变仰俯角和滚转角，按照预定的滑翔角和航向，保持稳定的滑翔运动，并测量海洋环境参数。AUG 位于水面时，通过 GPS 确定自身位置，并通过卫星通信发送数据和接受指令。

AUG 关键技术包括如下内容。

（1）总体设计分析。AUG 通过装载不同的任务模块完成相应的任务，如搭载氧含量传感器以检测海水的溶解氧浓度，进而推算浮游生物数量；搭载分光光度计用来监测赤潮和环境污染；搭载 CTD 用于收集海水温度、盐度的分布信息等。在设计的初始阶段，应根据应用海域环境特性，如水深、海流等，进行 AUG 的机械结构（包括主体和附体）设计。其中主体可分为四部分，包括浮力驱动单元舱段、俯仰调节机构和配重电池舱段、滚转调节机构与控制电路与测量传感器舱段、尾部推进单元舱段，附体包括机翼、垂直尾翼及浸水舱段等辅助结构。

（2）主体外形设计。AUG 的主体外形直接影响其航行时的水阻特性。在主体外形设计中，通常以最小水阻和最大升阻比为优化目标，以海洋环境与测量要求为约束条件，以系统水动力模型为基础，结合水下航行器优化设计经验，进行 AUG 的外形优化。

（3）机械结构设计。AUG 机械结构设计需要考虑其工作环境，主要包括整流罩、耐压光体、舱段强度、稳定性与密封性设计等内容。

目前，AUG 的典型产品如下。

（1）图 7.19 所示为华盛顿大学应用物理实验室（UWAPL）研制的 Seaglide，它采用纺锤体外形，在高雷诺数情况下具有更小的阻力。Seaglider 设计深度为 1000m，续航能力为 200 天，最远航程为 4600km。Seaglider 的耐压壳体采用分段焊接的圆环结构，可以承受较高的压力。

（2）图 7.20 所示为法国 ASCA 公司研制的 SEAEXPLORER AUG，其尾部加装螺旋桨推进器，可实现多模式混合推进。SEAEXPLORER 是一种比较成熟的机型，可以通过更换头部传感器舱，实现不同的观测任务，其主体呈扁椭球形，机体尾部安装有 X 型固定翼，航行速度高，是常规 AUG 的两倍。

图 7.19　华盛顿大学应用物理实验室研制的 Seaglide

图 7.20　法国 ASCA 公司研制的 SEAEXPLORER AUG

7.3　海底观测网

随着海洋学研究的深入，对海底的观测越来越受到人们的重视。海底观测网技术是一种实现海底的原位、在线、直接观测的技术。

海底观测网作为一种大型的海底观测平台，可对海底进行长期、实时、连续的观测，具有随时了解海底情况的优势，同时海底观测网可连接物理、化学、地球物理、生物等多种集成传感器和海洋观测平台。

由于海底观测网对海洋观测的重要性，国际上很多发达国家都建有海底观测网，如美国的生态环境海底观测网、欧洲的海底观测网、日本的深海地震观测网、美国和加拿大联合在东北太平洋海底建设的“海王星”海底观测网等。世界各国的海底观测系统都处于起步阶段，我国紧跟国际发展趋势，开展了相关的研究。2009 年 4 月，同济大学等科研单位在上海附近海域进行了组网试验，并且建立了中国第一个海底综合观测试验与示范系统——东海海底观测小衢山试验站。该试验站由海洋登陆平台及传输控制模块、1.1km 海底光电复合缆、基站及特种接驳盒组成，接驳盒外接 ADCP、CTD、光学后向散射计（OBS）。2011 年 4 月，国内高校研制的海底观测节点与美国 MARS 网络并网成功。2011 年，山仪所在青岛胶州湾海洋岸边实验站开展了海底观测网岸边实验，搭载了 CTD、溶解氧传感器、视频系统等观测传感器，获得了大量的海底原位观测数据，验证了海底观测网的组网通信能力。

海底观测网的关键技术涉及工程、机械、电子及材料等各个领域，主要包括以下内容。

（1）能源供应技术。能源是海底观测网正常运行的基础。目前针对单个科学观测点的能源供应已经有很好的解决方案，但在海底观测网中电缆长度达几百甚至上千千米，需要长期、持续供应大量电能，这具有一定的难度，当前国际上通常采用高压电缆供电方式。考虑供电成本、能效、设备体积等因素，一般采用直流并联供电法。但目前仍存在最大传输的能量受到线路特性和负载分布的影响，负载变化时会导致电压变化等缺点。同时随着供电距离的增大，在水下降压、能源监控管理、中继器保护、错误定位隔离等方面存在较多的问题。

（2）海底接驳技术。海底接驳技术是实现海底观测网组建工作的关键。海底接驳盒是专门研制的海底接驳装置，一般具有中继、数据通信、控制指令传输、电能转换和分配、接口规范转换、自监控、即插即用等功能。在进行海底接驳盒设计时，需要考虑多种影响因素：耐压、耐腐蚀和防水是首先要考虑的问题；为了提供更好的安全防护，小型化和防拖网设计成为重要的技术指标；湿插拔技术能提高海底接驳盒的可扩展性、可维护性，实现湿插拔配对接口是接驳盒接口设计的重点；电能转换器、数据通信装备成为接驳盒的基本功能单元，研制高可靠性的控制系统是接驳盒设计的核心内容之一；接驳盒的结构设计、材料选择、内部散热等问题也是重点要考虑的。接驳盒还有很多辅助功能，如水声通信中实现与水下潜器、水声传感器网络的连接，需要设计辅助接口以满足功能的扩展。

（3）网络基础设施。网络基础设施是海底观测网的重要组成部分，主要包括岸基能源供应、信号传输、数据分析处理和数据储存设备等，实现对整个海底观测网的远程监控管理。电能供给设备主要解决岸基能源供应和电能监控问题，通过故障处理系统保障水下设备的正常运行。数据分析处理和数据存储设备主要负责收集、处理和存储大量不同类型的数据，一般可以采用成熟的商业解决方案降低运行风险。应开发相应的数据管理系统负责收集、管理、存放、分发、处理和显示数据，设计高效的通信协议以提高水下观测数据的完整率，用软件工具来分析多学科、大空间范围、间断的数据并实现数据和界面的标准化。

（4）工程布设技术。工程布设技术是构建海底观测网的重要技术手段。骨干光电复合缆的布设需要重点考虑路由设计与选择、布设工程两方面。在开展路由设计和选择的过程中，应以骨干网规划和设计任务书为依据，依照路由稳定可靠、走向科学合理、易施工维护与抢修的原则，进行多方案设计。在现有海底地形地貌调查的基础上，考虑海况和涉海活动，确定出经济合理的路由选择方案。海底光电复合缆的安装分为直接布设和埋设两种，考虑路由选择方案，确定出经济合理的布设方案，选用相应的光缆和施工方式进行施工布设。

目前，海底观测网的主要内容如下。

（1）美国大洋观测计划（Ocean Observation Initiative，OOI）采用 LJ03A 海床基，安装在深海底部，如图 7.21 所示，LJ03A 海床基包含供电、采集、控制、存储等模块，装有多种观测传感器和仪器设备，如 CTD、溶解氧传感器和吸收分光光度计等仪器，用于调查水柱特性。

（2）图 7.22 所示为山仪所研制的深海海床基，是在海底工作的自容式综合测量装置，利用观测平台搭载的各种仪器可以对海洋环境进行长期、连续、同步、定点的自动测量，可布设于河口、海港或近海海底，为海洋工程建设、航道疏浚、海港整治、水下管道铺设、海上安全作业提供海洋环境参数。

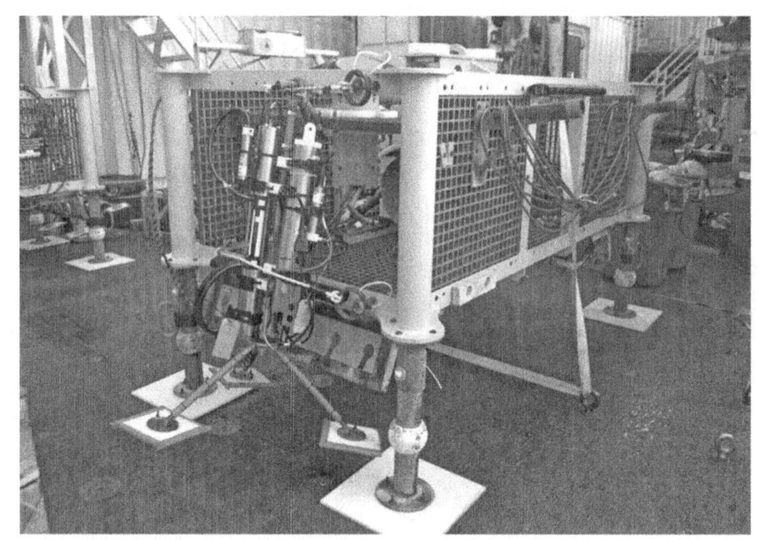

图 7.21　LJ03A 海床基

图 7.22　山仪所研制的深海海床基

习题

1．海洋观测平台的基本定义是什么？
2．什么是海洋定点观测平台？主要包括哪些观测平台？
3．锚泊浮标的关键核心技术有哪些？
4．什么是潜标？主要应用场景有哪些？
5．自动海洋台站可以实现哪些水文气象参数的测量？
6．什么是移动观测？它的意义是什么？
7．AUG 包括哪些关键技术？
8．海底观测平台的主要组成部分及应用场景是什么？

参考文献

[1] 王波，李民，刘世萱，等. 海洋资料浮标观测技术应用现状及发展趋势[J]. 仪器仪表学报 2014，35：2401-2414.
[2] 王军成. 海洋资料浮标原理与工程[M]. 北京：海洋出版社，2013.
[3] 徐良波，朱旭，郭文生. 定点垂直升降剖面测量系统[J]. 数据采集与处理，2008，S1：205-207.
[4] 李民，王军成. 锚泊自升沉（剖面）浮标[C]//田纪伟.海洋监测高技术论坛.北京：海洋出版社，2003.
[5] 毛祖松. 海洋潜标技术的应用与发展[J]. 海洋测绘 2001：57-58.
[6] 王婷. 国外海洋潜标系统的发展. 中国声学学会水声学分会 2011 年全国水声学学术会议论文集. [C]陕西西安：声学技术. 2011：327-329.
[7] 刘鸿飞. 基于潜标的数据采集与存储系统的设计与实现[D]. 哈尔滨：哈尔滨工程大学，2010.
[8] 李立立. 基于海洋台站和浮标的近海海洋观测系统现状与发展研究[D]. 青岛：中国海洋大学，2010.
[9] OHLMANN J C，WHITE P F，SYBRANDY A L，NIILER P P. GPS Cellular Drifter Technology for Coastal Ocean Observing Systems[J]. Journal of Atmospheric and Oceanic Technology，2005，22. https://doi. org/10.1175/JTECH1786.1.
[10] 董超，刘蔚，李雪，等. 无人水面艇海洋调查国内应用进展与展望[J].导航与控制，2019，18：6-14.
[11] 王舟，钱昌安，梁明泽，等. 无人水面艇发展趋势及关键技术[J]. 飞航导弹，2018：11-15.
[12] 孙秀军，李宗萱，杨燕. 波浪滑翔器波浪驱动速度与海浪参数映射关系研究[J]. 水下无人系统学报，2020，28：471-479.
[13] 邹念洋. 波浪滑翔器研究和应用的现状及发展前景[J]. 中外船舶科技，2017：13-21.

[14] 俞建成，孙朝阳，张艾群. 无人帆船研究现状与展望[J]. 机械工程学报，2018，54：98-110.
[15] 高振宇. 自主水下航行器的轨迹跟踪及编队控制[D]. 大连：大连海事大学，2019.
[16] 王汝鹏. AUV 地形匹配导航初始定位研究[D]. 哈尔滨：哈尔滨工程大学，2019.
[17] 刘雁集. 水下滑翔机运动特性与路径规划研究[D]. 上海：上海交通大学，2018.
[18] 杨富茗. 波浪能滑翔机水动力性能研究及样机研制[D]. 哈尔滨：哈尔滨工业大学 2019.
[19] JIAMING WU，ALLEN T CHWANG；Investigation on a Two-Part Underwater Manoeuvrable Towed System[J]. Ocean Engineering，2001，28：1079–1096.
[20] 张莺. 高速拖曳技术研究[J]. 水雷战与舰艇防护，2011，19：37-40.
[21] 李民，刘世萱，王波，等. 海洋环境定点平台观测技术概述及发展态势分析[J]. 海洋技术学报，2015，34：36-42.
[22] 胡展铭，史文奇，陈伟斌，等. 海底观测平台——海床基结构设计研究进展[J]. 海洋技术学报，2014，33：123-130.